广东教育学会中小学阅读研究专业委员会

推荐阅读

物理学科素养阅读丛书

丛书主编 赵长林　　丛书执行主编 李朝明

# 物理学中的模型

赵汝木　杨延玲　赵长林　赵　娜　编著

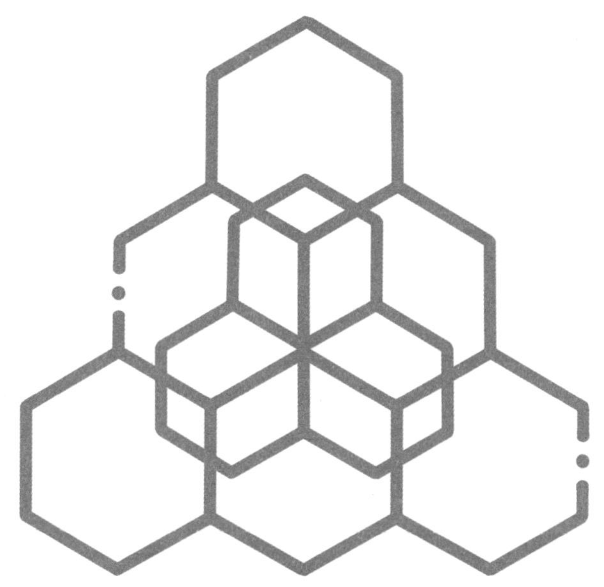

SPM 南方传媒
全国优秀出版社
全国百佳图书出版单位
广东教育出版社
·广　州·

**图书在版编目（CIP）数据**

物理学中的模型 / 赵汝木等编著．— 广州：广东教育出版社，2024.3
（物理学科素养阅读丛书 / 赵长林主编）
ISBN 978-7-5548-5350-4

Ⅰ．①物… Ⅱ．①赵… Ⅲ．①物理模型 Ⅳ．① O4

中国版本图书馆 CIP 数据核字（2022）第 254934 号

**物理学中的模型**
WULIXUE ZHONG DE MOXING

出 版 人：朱文清
策 划 人：李世豪 唐俊杰
责任编辑：李誉昌 马文亮
责任技编：余志军
装帧设计：陈宇丹 彭 力
责任校对：黄 莹
出版发行：广东教育出版社
（广州市环市东路472号12-15楼 邮政编码：510075）
销售热线：020-87615809
网 址：http://www.gjs.cn
E-mail：gjs-quality@nfcb.com.cn
经 销：广东新华发行集团股份有限公司
印 刷：广州市岭美文化科技有限公司
（广州市荔湾区花地大道南海南工商贸易区A幢）
规 格：787 mm × 980 mm 1/16
印 张：12
字 数：240千字
版 次：2024年3月第1版 2024年3月第1次印刷
定 价：48.00元

# 总序

## 学习物理的门径

由赵长林教授担任丛书主编的“物理学科素养阅读丛书”，述及与中学物理课程密切相关的物理学中的假说、模型、基本物理量、常量、实验、思想实验、悖论与佯谬、前沿科学与技术等方面。丛书定位准确，视野开阔，既有深入的介绍分析，也有进一步的提炼、概括和提高，还从不同的视点，比如说科学哲学或逻辑学的角度进行解读，对理解物理学科的知识体系，进而形成科学的自然观和世界观，发展科学思维和探究能力，融合科学、技术和工程于一体，养成科学的态度和可持续发展的责任感有很大的帮助。丛书文字既深入严谨又通俗易懂，是一套适合学生的学科阅读读物。

丛书的第一个特点是突出了物理学的思想方法。

物理学对于人类的重大贡献之一就在于它在科学探索的过程中逐步形成了一套理性的、严谨的思想方

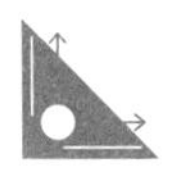



法。在物理学的思想方法形成之前，人们不是从实际出发去认识世界，而是从主观的臆想或者神学的主张出发建立起一套唯心的理论，也不要求理论通过实践来检验。物理学推翻了这种以主观臆测和神学主张为基础的思想方法，在探究自然的过程中开展广泛而细致的观察，在观察的基础上通过理性的归纳形成物理概念，再配合以精确的测量，将物理概念加以量化，进一步探索研究量化的物理规律，形成物理学的理论体系。这种方法将抽象的、形而上的理论与具象的、形而下的实践联系起来，成为人类认识和理解自然界物质运动变化规律的有力武器。物理学的思想方法非常丰富，包含了三个不同的层次。第一是最普遍的哲学方法，如：用守恒的观点去研究物质运动的方法，追求科学定律的简约性等；第二是通用的科学研究方法，如：观察、实验、抽象、归纳、演绎等经验科学方法；第三是专门化的特殊研究方法，即物理学科的规律、知识所构成的特殊方法，如光谱分析法等。物理学方法既包括高度抽象的思辨和具象实际的观察测量，也包括海阔天空的想象。物理学家在长期的科学探索活动中，形成科学知识并且不断地改变人类认识世界的方法，从物理学基本的立场观点到对事物和现象的抽象或逻辑判断，再到一些特有的方法和技巧，这些都是人类赖以不断发展进步的途径。因此，物理学的思想方法就不仅涉及自然，还涉及人和自然的相互作用与对人本身的认识。抓住物理的思想方法，不仅有利于深入理解物理学的知识体系，还有利于形成科学的自然观和世界观，达到立德树人的目标。

从书的第二个特点是注意引发学生的学习欲望，从而进行深度学习。

现代教育心理学研究告诉我们，在学校环境下学生的学习过程有两个特点[①]：第一，学生的学习和学生本身是不可分离的。这就是说，在具体的学习情境中，纯粹抽象的“学习”是不存在或不可能发生的，存在的只是具体某个学生的学习，如“同学甲的学习”或“同学乙的学习”。第二，学生所采取的学习策略与学习动机是两位一体的，有什么样的动机，就会采取与之相匹配的学习策略，这种匹配的“动机-策略”称为学习方式。也就是说，如果同学甲对所学的内容没有求知的欲望或不感兴趣，那他在学习时就会采取被动应付的态度和马虎了事的策略，对所学内容不求甚解、死记硬背，或根本放弃学习。相反，如果同学乙有强烈的学习欲望或对学习内容有浓厚的兴趣，他就会深入地探究所学内容的含义，理解各种有

① BIGGS J, WATKINS D. Classroom learning: educational psychology for Asian teacher [M]. Singapore: Prentice Hall, 1995.

关内容之间的关系，逐步了解和掌握相关的学习与探究的方法。第一种（同学甲）的学习方式是表层式的学习，第二种（同学乙）的学习方式是深层式的学习。此外，在东亚文化圈的学生中还大量存在着第三种学习方式——成就式的学习，即学生对学习的内容本来没有兴趣和欲望，但为学习的结果（如考试分数）带来的好处所驱动，会采取一些能够获得好成绩的策略（如努力地多做练习题）。在同一个学校、同一间课室里学习的学生，由于他们的动机和策略，也就是学习方式的不同，产生了不同的学习效果。当然，效果还与学生的元认知水平及天资有关。本丛书的作者有意识地提倡深度（深层次）的阅读，书中的大部分内容以问题为引子，用历史故事或相互矛盾的现象，引发读者的好奇，再按照物理发现的思路逐步引导读者探究问题。在这一过程中，注意点明探究和解决问题遵循的思路和方法，达到引导读者进行深度学习的目的。

丛书的第三个特点在于详细、深入、系统地介绍对启迪物理思维有重要作用的相关知识，注意通过知识培养素养。

有的人也许会问，今天的教育是以培养和发展学生的科学素养为核心，知识学习是次要的，有必要花那么多时间来学习知识吗？这种观点是片面和错误的。物理学的成就首先就表现为一个以严谨的框架组织起来的概念体系。如果对物理学的知识体系没有基本和必要的了解，就无法理解物理，无法按照科学的方法去思考和探究。确实，物理学知识浩如烟海，一个人即使穷其毕生之力也只能了解其中的一小部分，就算积累了不少物理知识，但如果不能抓住将知识组织起来的脉络和纲领，得到的也只是一些孤立的知识碎片，不能构成对物理学的整体的理解。然而，物理学的知识又是系统而严谨的。每一个概念以及概念之间的关系都有牢固的现实基础和逻辑依据，从简单到复杂，从宏观到微观，从低速到高速，步步为营，相互贯通，反映了现实世界的“真实”。物理知识是纷繁复杂的，也是简要和谐的。只要抓住了物理知识体系的纲领脉络，就能够化繁为简，找到通往知识顶峰的道路，以理解现实的世界，创造美好的未来，这也是物理学对人类的最大贡献之一。况且，物理学的思想方法是隐含在物理知识的背后，隐含在探索获取知识的过程之中的。对物理学知识一无所知，就不可能了解物理学的思想方法；不亲历知识探索的过程，就不可能掌握物理学的思想方法。学习物理知识是认识、理解、运用物理思想方法的必由之路，也是形成物理科学素养的坚实基础。因此，本丛书在介绍物理学知识中，一是介绍物理学思想方法，帮助读者构建

物理学知识体系和形成物理思维，对于培养物理学科素养很有裨益；二是扩大读者的视野，打开读者的眼界，不仅从纵向说明物理学的历史进展，介绍物理学的最新发展、物理学与技术和工程的结合，更重要的是联系科学发展的文化背景、科学与社会之间的互动与促进，认识物理学的发展在转变人的思想、行为习惯和价值观念方面的作用，体会“科学是一种在历史上起推动作用的、革命的力量”①，“把科学首先看成是历史发展的有力杠杆，看成是最高意义上的革命力量”②。

课改二十年过去了。一代又一代人躬身课程与教学研究，探寻、谋变、改革、创新交相呼应。本丛书是这段旅程的部分精彩呈现，相信一定会受到读者欢迎，在“立德树人”的教育实践中发挥它的应有之义。

高凌飚

2023年于羊城

---

① 马克思，恩格斯．马克思恩格斯全集：第19卷［M］．北京：人民出版社，1963：375.

② 马克思，恩格斯．马克思恩格斯全集：第19卷［M］．北京：人民出版社，1963：372.

# 前言

## 洞察物理之窗

相对于其他自然科学来说，物理学研究的内容是自然界最基本的，它是支撑其他自然科学研究和应用技术研究的基础学科。物理学进化史上的每一次重大革命，毫无疑义都给人们带来对世界认识图景的重大改变，并由此而产生新思想、新技术和新发明，不仅推动哲学和其他自然科学的发展，而且物理学本身还孕育出新的学科分支和技术门类。从历史上的诺贝尔奖统计情况来看，物理学与其他学科相比，获奖的人数占比更大，从一个侧面说明了这一点。我国新高考方案发布后，物理学科在中学的学科教学地位得以凸显，也正是应验了物理学科特殊的地位。

试举一例。

人们对物质结构的认识，最早始自古希腊时代的“原子说”，这个学说的创始人是德谟克利特和他的老师留基伯。他们都认为万物皆由大量不可分割的微

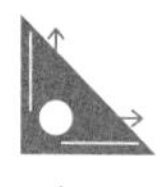



小粒子组成，“原子”之意即在于此。德谟克利特认为，这些原子具有不同的性质，也就是说，在自然界同时存在各种各样性质不同的原子。他的“原子说”虽然粗浅，但现在仍能用来解释固体、液体和气体的某些物理现象。到了17世纪，人们的认识不再囿于纯粹的思辨和假说，各种实验、发现和发明纷至沓来。1661年，英国的物理学家和化学家玻意耳在实验的基础上提出“元素”的概念，认为“组成复杂物体的最简单物质，或在分解复杂物体时所能得到的最简单物质，就是元素”。现在化学史家们把1661年作为近代化学的开始年代，因为这一年玻意耳编写的《怀疑派化学家》一书的出版对后来化学科学的发展产生了重大而深远的影响。玻意耳因此还成为化学科学的开山祖师、近代化学的奠基人。玻意耳认为物质是由各种元素组成的，这个含义与我们现在的理解是一样的。至今我们已经找到了100多种构成物质的元素，列明在化学元素周期表上。

把原子、元素概念严格区别开来，提出“原子分子学说”的是道尔顿和阿伏加德罗。道尔顿认为，同种元素的原子都是相同的。在物质发生变化时，一种原子可以和另一种原子结合。阿伏加德罗把结合后的“复合原子”称作“分子”，认为分子是组成物质的最小单元，它与物质大量存在时所具有的性质相同。

到了19世纪中叶，有关原子、元素和分子的概念已被人们普遍接受，这为进一步研究物质结构打下了坚实的基础。

19世纪末，物理学家们立足于对电学的研究，不断思考物质结构的问题。最引人注目的发现主要有：德国物理学家伦琴利用阴极射线管进行科学研究时发现X射线；法国物理学家贝可勒尔发现了天然放射性；英国物理学家汤姆孙发现了电子。这三个重大发现在前后三年时间内完成，原子的“不可分割性”从此寿终正寝，科学家的思维开始进入原子内部。

迈入20世纪后的短短几十年间，物理学家对原子结构的探索可谓精彩纷呈，质子、中子、中微子、负电子等多种粒子的发现，不仅证实了原子的组成，而且还证实了原子是能够转变的！在伴随着科学家绘制的全新原子世界图景里，能量子、光量子、物质波、波粒二象性、不确定关系等这些与物质结构联系在一起的概念已经让人们对自然世界有了颠覆性认识！

以上是从物理学家对物质结构探索这个基本方面梳理出的一个大致脉络。循着这条线索，我们能感受到物理学在自然科学研究中所产生的强大推动力。物理学研究自然界最基本的东西还有很多方面，比如时间和空间的问题等，有兴趣的读者不妨仿照以上方式进行梳理。正是物理学对自然界这些最基本问题的不

断探索所形成的自然观、世界观、方法论，引领其他自然科学的发展，对科学技术进步、生产力发展乃至整个人类文明都产生了极其深刻的影响。在这里，尤其要提到的是，以量子物理、相对论为基础的现代物理学，已经广泛渗透到各个学科和技术研究领域，成就了我们今天的生活方式。

接下来谈谈物理学的基本研究思路体系，请看图1：

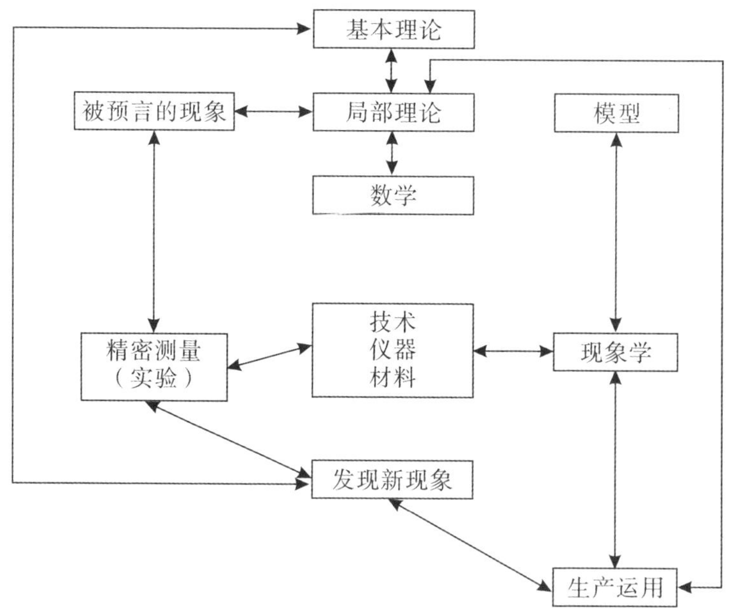


图1　物理学基本研究思路体系示意图

如果我们把这个体系看成是一个活的有机体，每个方框代表这个有机体的一个“器官”，想象一下这个有机体的生存和发展，还是很有趣的。在这个体系中，各个不同的部分互相依存，它们代表着复杂的相互作用系统，并随着时间而进化。如果切除某个“器官”，这个有机体就难以存活下去。对这种比喻性的理解，有助于我们看清物理学的基本研究思路体系的本来面目并加以重视。在理论方面，你也许会想起牛顿、麦克斯韦、爱因斯坦；在实验方面，你也许会想起伽利略、法拉第、卢瑟福；在数学方面，你也许会想起欧几里得、黎曼、希尔伯特。无论你从哪个“器官”想起谁，都会感受到这些科学家在源源不断地通过这些“器官”向这个有机体输送营养，也许未来的你也会是其中的一个。

现在，中学物理课程和教材体系基本上依照上述体系构成。为了强化对这个体系的理解，在这里有必要强调一下理论和实验（测量）的问题。二者构成物理学的基本组成部分，它们之间是对立与统一的关系。理论是在实验提供的经验材料基础上进行思维建构的结果，实验是在理论指导下，在问题的启发下，有目的地寻求验证和发现的实践活动。理论和实验发生矛盾时，就意味着物理学的进化，矛盾尖锐时，就意味着理论将有新的突破，表现为物理学的“自我革命”。一个经典的事例就是发生在20世纪之交物理学上空的“两朵乌云”［英国著名物理学家威廉·汤

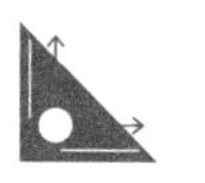



姆孙（开尔文勋爵）之语］。他所说的“第一朵乌云”，主要是指迈克耳孙–莫雷实验结果和以太漂移说相矛盾；“第二朵乌云”主要是指热学中的能量均分定理在气体比热以及热辐射能谱的理论解释中得出与实验数据不相符的结果，其中尤其以黑体辐射理论出现的“紫外灾难”最为突出。正是这“两朵乌云”，导致了现代物理学的诞生。但是从物理学的发展历史来看，我们绝不可因此否认进化对物理学发展的重大意义。实际上，正是由于如第4页图中所展示出来各要素之间的相互作用，物理学才会处于进化与自我革命的辩证发展中。

上面谈及的两个方面可以说是引领你进入物理学之门的准备知识，希望因此引起你对物理学的好奇，进而学习物理的兴趣日渐浓厚。要系统掌握物理学，具备今后从事物理学研究或相关工作的关键能力和必备品格，我们必须借助物理教材。教材是非常重要的启蒙文本，它是根据国家发布的课程方案和课程标准来编制的，大的目标是促进学生全面且有个性的发展，为学生适应社会生活、职业发展和高等教育作准备，为学生的终身发展奠定基础。现在的物理教材非常注重学科核心素养的培养，主要体现在物理观念、科学思维、科学探究、科学态度与责任四个方面。在这四个方面中，科学思维直接辐射、影响着其他三个方面的习得，它是基于经验事实建构物理模型的抽象概括过程，是分析综合、推理论证等方法在科学领域的具体运用，是基于事实证据和科学推理对不同观点和结论提出质疑和批判，进行检验和修正，进而提出创造性见解的能力与品格。科学思维涉及的这几个方面在物理学家们的研究工作中也表现得淋漓尽致。麦克斯韦是经典电磁理论的集大成者。他总结了从奥斯特到法拉第的工作，以安培定律、法拉第电磁感应定律和他自己引入的位移电流模型为基础，运用类比和数学分析的方法建立起麦克斯韦方程组，预言电磁波的存在，证实光也是一种电磁波，从而把电、磁、光等现象统一起来，实现了物理学上的第二次大综合。在这里，我们引用麦克斯韦的一段原话来加以注脚和说明是合适的：

> 为了不用物理理论而得到物理思想，我们必须熟悉物理类比的存在。所谓物理类比，我指的是一种科学的定律与另一种科学的定律之间的部分相似性，它使得这两种科学可以互相说明。于是，所有数学科学都是建立在物理学定律与数的定律的关系上，因而精密的科学的目的，就是把自然界的问题简化为通过数的运算来确定各个量。从最普遍的类比过渡到部分类比，我们就可以在两种不同的产生光的物理理论的现象之间找到数学形式的相似性。

这几年，我和粤教版国标高中物理教材的编写与出版打起了交道。在工作中深感教材编写工作责任重大，在教材中落实好学科核心素养并不是一件容易的事情。作为编写者，必须对物理学的世界图景独具慧眼，尽可能做到让学生“窥一斑而知全豹，处一隅而观全局”，还要有“众里寻他千百度，蓦然回首，那人却在灯火阑珊处”的感悟。渐渐地，我心中萌生起以物理教材为支点，为学生编写一套物理学科素养阅读丛书的想法。经过与我的同门学友、德州学院校长赵长林教授充分探讨后，我们将选材视角放在了物理教材涉及的比较重要的关键词上——七个基本物理量、假说、模型、实验、思想实验、常量、悖论与佯谬、前沿科学与技术，试图通过物理学的这些“窗口”让学生跟随物理学家们的足迹，领略物理学的风景，从历史与发展的角度去追寻物理学科核心素养的源泉。这些想法很快得到了来自高校的年轻学者和中学一线名师的积极呼应，他们纷纷表示，这是一个对当前中学物理学科教学“功德无量”的出版工程，非常值得去做，而且要做到最好。令我感动的是，自愿参加这个项目写作的作者经常在工作之余和我探讨写作方案，数易其稿，遇到困惑时还买来各种书籍学习参考。最值得我高兴的是，赵长林教授欣然应允我的邀约，担任丛书主编，在学术上为本丛书把脉。在本丛书即将付梓之时，我代表丛书主编对这个编写团队中相识的和还未曾谋面的各位作者表示衷心的感谢，对大家的辛勤劳动和付出致以崇高的敬意！

本丛书的出版得到了广东教育学会中小学生阅读研究专业委员会和广东省中学物理教师们的大力支持，在此一并致谢！

李朝明

2023年11月

目录

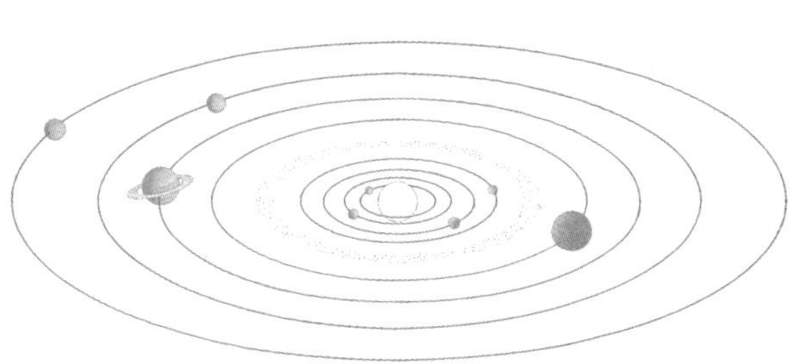

## 3 电磁学中的典型物理模型



## 4 热学中的典型物理模型

## 5 光学中的典型物理模型



## 6 近现代物理学模型

# 1 物理模型思想方法

人类是在不断地改造自然的过程中，认识自然并积累起关于自然界的知识，进而提高改造自然的能力。对于自然现象和客观事物规律的认识，始于观察。观察是一种有目的、有组织的主动认知活动，认识复杂的自然现象和过程需要较强的观察能力，但仅仅通过观察不一定得到正确的科学结论。如物理学发展史上“重的物体下落得快”“物体的运动需要由力来维持”就是典型的例子。人类对自然规律的把握，除了通过观察获得第一手资料外，还要依靠人类特有的思维能力、逻辑推理能力和想象力。此外，任何自然现象都是由纷繁复杂的现象、错综复杂的运动、多因素相互作用组成的，而人类总是在追问物质运动的最本质规律和特征是什么。因此，人类在认识自然的历史中，在观察、实验的基础上，通过分析、综合、比较、抽象、概括、推理，对研究对象进行简化抽象、概括模拟和突出本质特征，形成了物理学研究中的物理模型方法。

## 1.1 简说物理模型

物理学是研究物质运动的基本规律、物质的相互作用和物质基本结构的一门科学。从古代先哲，到伽利略、牛顿、法拉第、麦克斯韦、波尔、爱因斯坦，众多物理学家不断探索，逐步深化了人类对于物质世界的认识，使物理学成为自然科学的理论基础，也成为现代技术的理论基础。他们不仅持续创新物理知识体系，而且应用和发展了物理模型的研究方法。

### 1.1.1 物理模型的概念和内涵

“物理模型”译自英文“physical model”。physics（物理）的词源是拉丁文的physis，由希腊文“自然”推演而来，是自然科学的总称。明末时期西方传教士将西学传入我国时，我国物理学者一般将physics译为“格物”“格致”“穷理学”等。1900年日本学者饭盛挺造原编、藤田丰八翻译的第一部中文《物理学》在我国刊印，physics译为“物理学”才逐渐被人们接受。但是，“物理学”一词又是日本学者从中国学者的著作中借鉴的。

作为中国古代汉语词汇的“物理”，是由“物”与“理”组合而成，是“物之理”的简称。“物”指存于世上的万物，《说文解字》解释：物，万物也。“理”指条理、规则，《韩非子》解释：理者，成物之文也，这里的“文”，意为文理、规则。“物理”形成整词，首现于战国佚书《鹖冠子》。中国古代的“物理”一词指事理、道理、情理、万物之理。明末清初的中国学者方以智在西学的启发下，对“物理”这一古汉语词进行因袭和变革，其所著的《物理小识》中的“物理”已从“万物之理”义演化为“学术之理”义，主要指自然科学。17世纪末《物理小识》传入日本，对日本近代物理学术体系和术语发展产生了重大影响。[①]物理学一词的翻译反映人类文化交流发展的生命力。

我国“模型”一词中的“模”指制造器物的模型、模子，引申为模范、榜样；“型”是指铸器之法。英文model一词源于拉丁文modulus，意思是尺度、样本、标准，将model译为“模型”在语义上是相通的。模型的原意是依照实物的形状和结构按比例制成的物品，多用来展览或实验，但物理学中的模型概念不是采用这样的意思。钱学森先生曾从物理学研究方法

① 路甬祥. 中国术语学研究与探索[M]. 北京：商务印书馆，2010：407-413.

的视角给模型下过这样一个定义："模型就是通过我们对问题现象的了解，利用我们考究得来的机理，吸收一切主要因素、略去一切不主要因素所制造出来的'一幅图画'，一个思想上的结构物。"[①]

客观世界的现象是复杂多样的，任何客观事物都具有众多的特性和不同的层次，许多本质的、非本质的联系交织在一起，大量的偶然现象、偶然因素掩盖着事物必然的规律和本质的因素。为深入揭示客观事物内部的本质的规律，有必要根据研究问题的需要去对客观事物进行去粗取精、去伪存真、抓住主要特征、摒弃次要因素的加工处理，从而得到现实中客观事物的映像，这就是物理模型的方法。

对物理模型，一般有广义和狭义两种解释。从广义上讲，物理学中的各种基本概念，如物质、长度、时间、空间等都可称作物理模型，因为它们都是以各自相应的现实原型为背景抽象出来的最基本的物理概念。从狭义上说，只有那些反映特定问题或特定具体事物的抽象结构才可称作物理模型，如质点、刚体、理想气体等。

物理模型的分类目前还没有统一的标准，一般情况下可以分为两类：一类是模拟式物理模型，另一类是理想化物理模型。

模拟式物理模型形象、直观，有利于清楚地认识实物，例如用铁屑在磁极周围的排布来形象模拟现实物理世界中并不存在的磁感线，用结构简单的模型或示意图来说明复杂仪器设备的构造和工作原理等。

理想化物理模型简称理想模型，是指在原型（物理实体、

---

① 钱学森．论技术科学[J]．科学通报，1957（3）：97-104.

物理系统、物理过程）的基础上，经过科学抽象而建立起来的一种研究客体。它忽略了原型中的次要因素，集中突出了原型中起主导作用的因素，摒弃了次要矛盾，突出了主要矛盾，所以理想模型是原型的简化和纯化，是原型的近似反映。

理想模型虽然是从原型中抽象出来的，但它并非是物理学家的主观臆想，而是有它存在的客观基础。第一，理想模型以客观存在为原型，虽然没有反映出客观事物的多样性、复杂性、全面性，但却反映出了研究对象的主要属性。第二，原型与理想模型的关系上，原型是理想模型的基础，理想模型是原型的高度抽象。原型及其运动规律的客观性，决定了理想模型内容的客观性。第三，理想模型是否正确需要由实践检验，在检验过程中被扬弃或修正、完善和发展。

### 1.1.2 理想模型的分类

物理模型是一个理想化的形态。关于理想模型的分类，从不同角度进行研究会有不一样的结果。有人认为可以把物理模型分为实物模型、理想模型和理论模型；有人认为可以分为实体模型、状态模型和过程模型；也有人认为可以分为物质模型和思想模型等。这里我们将理想模型分为如下三类。

（1）实体理想模型。

实体理想模型是在客观实体的基础上，根据研究问题的性质和需要把客观实体理想化而建立起来的，如物理学中的质点模型即是这样。客观世界中的任何物体都具有一定的大小和形状，但如果在研究问题时，物体的大小和形状起的作用很小，可以忽略不计，就可以把物体看成一个没有大小和形状的理想客体——即质点。这样更有助于我们把握物质的运动规律。质点这一概念忽略了大小、形状等因素，突出了影响运动的位置和质量关键因素，是对实际物体的简化和纯化，所以理想模型的提出过程是一个高度科学抽象过程，但其简化、纯化和抽象过程并不是没有客观根据的主观臆断过程，任何理想模型的建立都要根据具体的实际情况而定。为什么我们可以忽略实际物体和质点概念之间的差异呢？这有两种情况：一是一个体积不是很大的物体，其运动被定域在非常广阔的空间里面，所以运动物体的大小跟空间线度相比是可以忽略的；二是运动物体上各个不同位置的点具有完全相同的运动状态，只要知道它的任何一点的运动状态，就可以知道整个物体的运动状态了。在这两种情况下，把物体看成忽略大小、形状的质点，对我们分析和研究物体的运行状态和规律没有其他负面影响，反而有助于我们的研究。

在物理学中，常见的实体理想模型除了质点，还有刚体、点电荷、点光源、光滑平面、无限大平面、理想气体、理想流体、杠杆、绝对黑体、平面镜、凸透镜、凹透镜等。

（2）系统理想模型。

我们所说的系统，一般是指相互作用的物体的全体。例如，遵循牛顿第三定律、相互作用的物体的全体叫作“力学系统”，讨论重力势能时把地球和某物体视为“保守力系统”等。这些系统都是理想化的物理模型，称为系统理想模型。这种模型忽略了其他物体对系统的影响（如力的作用、能量传递等），而只研究系统内部物体间相互作用的规律。“力学系统”忽略了其他物体对系统的万有引力作用等；“保守力系统”忽略了一些非保守力因素，如摩擦、爆炸等。事实上，在现实的物理世界中，严格的保守力系统是不存在的。

（3）过程理想模型[①]。

我们日常生活中的每一个实际物理过程都是非常复杂的，当我们面对这些复杂的运动过程时，想要做出精确的观察、得出普遍性的物理规律是极端困难的。在实际物理过程中，物体的运动是由多个子过程组成的繁杂过程，并且受诸多因素制约。英国动物病理学教授贝弗里奇说过："为了考察并更好地理解一个复杂的过程，有时把这个过程分解成若干组成部分，然后分别加以考虑，这种方法常常很有帮助。"

物理学家在科学研究中，对复杂性运动对象加以分析时，往往去注意那些特殊的、本质的、起主要作用的因素，抓住起决定作用的主要矛盾和矛盾的主要方面，忽略次要因素。通过把复杂过程分解成相互联系的若干简单的子过程，而且这些分解后的子过程又是我们已认识的物理过程，这样就为我们研究复杂的物理过程奠定了基础。因此，当我们面对多因素作用或者是非常复杂的实际物理运动过程时，可以通过大脑的加工整理，将实际过程简化为一个或几个简单的子过程，而这些简单的子过程是反映实际过程中最本质、最核心的规律。我们就将这些通过大脑加工而提炼出的高级的、本质的、近似的过程，称为该实际物理过程的理想模型，并建立起与物理过程理想模型相对应的数学模型，再通过借助数学工具进行科学定量研究，发现普遍性的规律。今天随着计算机技术的广泛应用，物理学家们还借助计算机设计出与过程理想模型相应的计算机模拟模型，能够更快、更准确地获得研究成果。

在物理学许多问题的研究中，都采用了物理过程理想模

① 罗启蕙．物理过程理想模型与科研探讨[J].大自然探索，1997，（2）：116-119.

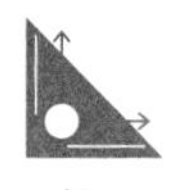



型的方法，如匀速直线运动、匀变速直线运动、匀速圆周运动、自由落体运动、平抛过程、斜抛过程、简谐振动、准静态过程、等压过程、等温过程、等容过程、绝热过程等。所以，掌握物理过程理想模型化的方法是很有科学研究和生活实际意义的。

要学会建立过程理想模型的方法，就像列宁所说："从生动的直观到抽象的思维，并从抽象的思维到实践，这就是认识真理、认识客观实在的辩证途径。"我们在对一个复杂的实际过程建立起过程理想模型时，要分为感性认识、理性认识两个阶段。首先要通过对实际过程进行初步的加工和整理，在此基础上加以分析、综合、概括，进行科学抽象，最后提炼出源于实际而高于实际的"过程理想模型"。过程理想模型的科学抽象，既有对全过程的整体抽象，又有对事物个别的、部分的抽象，学会这种思维方法有利于你具备从部分到整体、从简单到复杂的分析问题的能力，从而取得科学研究的成功。

**表1-1　物理模型的分类**

<table>
<tr><td rowspan="2">种类</td><td rowspan="2">模拟式物理模型</td><td colspan="3">理想化物理模型</td></tr>
<tr><td>实体理想模型</td><td>系统理想模型</td><td>过程理想模型</td></tr>
<tr><td>主要作用</td><td>模拟概念、规律或客观实体，使看不见、摸不到的客观事物具体化、形象化；或者用实物模型、图表、原理图使现象、原理、实验直观化、系统化、规范化。</td><td colspan="2">建立在客观实体的基础上，根据所研究问题的性质和需要，把自然界中客观存在的实际物体或者有相互联系的物体系统加以理想化。</td><td>为了研究复杂的问题，在建立物体运动变化过程的基础上，根据研究问题的性质和需要，在包含多种复杂因素的物理过程中，找出主要因素，略去次要因素，建立能够揭示事物本质的过程模型。</td></tr>
</table>

### 1.1.3 理想模型的特点

模型在物理学中已经得到广泛的应用，物理学的理论体系也是在众多的理想模型的基础上建立起来的。理想模型有哪些特点呢？

（1）模拟性。

模型的建立过程是一个抽象的过程，然而建立的模型本身又具有直观、形象的特点。理想模型是对原型的一种模拟，通过抽象思维，用人们熟知的、形象直观的事物去认识人们无法直接感知的事物。所以模型不能完全替代原型本身，它只是为了研究的需要而对原型的一种模拟仿真。

（2）局部性。

理想模型是对原型的某个或某些核心要素、某个或某些核心层级的描述，并不是原型的全部照搬，因此一个物理原始问题往往需要多个物理模型才能够比较全面地反映客观事物原型的整体实质结构。

（3）科学性。

理想模型不仅再现了过去已经感知过的直观形象，而且要以先前已获得的科学知识为依据，经过判断、推理等一系列逻辑上的严格论证，所以具有深刻的理论基础，即具有一定的科学性。理想模型来源于现实，又高于客观现实，是抽象思维的结果。虽然理想模型不是原型本身，但是它具备了原型所拥有的主要因素和特征，能够科学地反映出原型的特征。但是理想模型只有经过实验证实了以后才可被认可，才有可能发展成为理论。

（4）深入性。

理想模型是通过抓住原型的主要方面和主要因素，忽略次要因素建立起来的，它凸显了原型的本质特征和内在规律性。所以，理想模型能够帮助研究者更深入地分析理解原型。

（5）条件性。

理想模型是对原型的近似模拟与高度抽象，无论是抓住主要因素还是舍弃次要因素，其结论都是在一定条件下才能成立。即使是同一个原型，往往在不同条件下对应的物理模型也常常不同。因此每一个理想模型都有其相应的使用条件，如理想气体模型及理想气体状态方程适用的条件是常温常压，在低温高压下就会被范德瓦耳斯模型所代替。

（6）发展性。

理想模型是在原型的基础上，经过科学抽象而建立起来的一种研究客体，具有一定的主观性，这与研究者对客观事物的认识能力与认识水平密切相关，具有一定的局限性。随着人们认识能力的不断发展与提高，原有的物理模型会暴露出它的不足与缺陷，需要对它进行修改与完善。如原子结构模型的持续发展和改进就是一个很好的例子。

## 1.2　物理模型的作用

建立物理模型是物理学中的一种十分重要的研究方法，它不仅在形成正确理论的过程中起着重要的作用，也渗透到对各种具体的物理问题的研究之中。物理模型对物理学的发展和指导人们对物理现象、物理规律认识上的作用，大致可归纳为以下几个方面：

（1）简化和纯化原型。

物理模型是一种理想化的形态，它最明显的特点是对原型摒弃了各种次要因素的影响，做了极度的简化和纯化的处理，突出了决定事物状态、影响事物发展变化的本质联系，从而可以借助模型顺利地开展研究工作。譬如，研究地球绕太阳公转的运动，由于地球与太阳的平均距离（约为$1.496\times10^{11}$ m）比地球的半径（约为$6.37\times10^{6}$ m）大得多，地球上各点相对太阳的运动可以看作相同，因此可以忽略地球的形状、大小，把地球简化为一个质点来处理，由此就可以较方便地找出地球绕太阳公转时的一些规律。可以这样说，学生的物理课都是在与模型打交道，平时所做的各种物理实验、物理习题等，都是简化和纯化了原型后的一种模型。学生正是依靠着对原型的简化和纯化后进行学习的。由此可见，对原型的简化和纯化，抽象出物理模型是何等重要。

（2）解释事物或现象原因。

物理模型和原型之间基本的逻辑联系可表示为图1–1所示的形式。即从原型出发对其进行简化和纯化后抽象出物理模型；反过来物理模型可为原型提供解释的演绎系统。如利用理想气体模型解释气体定律；利用金属导电模型解释欧姆定律和电阻定律等。

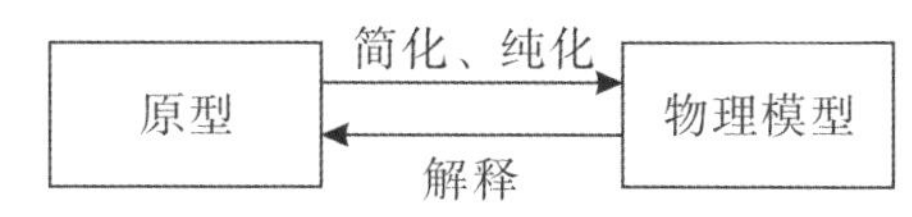


图1–1　物理模型和原型之间基本的逻辑联系

（3）建立或证明理论。

物理模型和理论之间基本的逻辑联系可表示为如图1–2所

示。即从对模型的研究出发可建立或证明理论，从而认识事物中所蕴含的物理规律，得出符合事物实际的结果（近似结果）；反过来，从理论出发，也可归约出物理模型。例如，伽利略从教堂里吊灯的摆动中，抽象出单摆模型后，通过对单摆的研究，发现了单摆振动的等时性规律。后来，荷兰物理学家惠更斯进一步提出了摆的数学理论，推导出了单摆的运动定律。反过来，从单摆模型建立的谐振动理论，可以研究大量的各种形式的实际振动问题——在回复力满足条件 $F=-kx$ 时都可归约为谐振动模型。

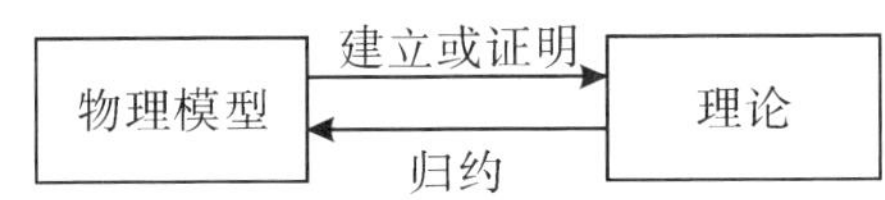


图1-2　物理模型和理论之间基本的逻辑联系

（4）指出方向和做出预见。

由于在理想模型的抽象过程中排除了大量的次要因素的干扰，突出了原型的主要特征，因而研究时更便于发挥逻辑思维的力量，可以使得对理想模型的研究结果能够超越现有的条件，并由此指出进一步研究的方向或形成科学的预见。通过物理模型作出科学预见的，高中阶段精彩实例为海王星的发现。

（5）利用物理模型做合理估算。

由于物理模型连通了原型和理论之间的关系，因此，对于在生活、生产和科学研究中有许多问题需要进行估算时，往往都需要建立一个模型。例如，为了估算子弹穿过一个苹果的时间，可以建立一个匀速运动模型；为了估算分子的直径，可以建立一个分子球模型等。即使对于那些存在着很复杂因素的问题，同样可以通过简化、抽象建立一个合适的物理模型，从而对它做出合理的判断，进行有一定依据的估算。如高中阶段一个重要实验——用油膜法估测油酸分子的大小。此外，还可以对一些原始问题进行估算处理：如大飞机为何怕小鸟？高速公路为何限速120 km/h？等等。

## 1.3 古代物理模型的起源

### 1.3.1 古希腊物理模型思想的起源

古希腊是欧洲文明的源头之一，从公元前8世纪到公元前146年，古希腊文明持续了大约650年的时间。这个时期，古希腊学派林立、智者云集，诞生了米利都学派、毕达哥拉斯学派、雅典的自然哲学学派、亚历山大学派及后来的罗马学派等，出现了像泰勒斯、毕达哥拉斯、苏格拉底、柏拉图、亚里士多德、阿基米德、欧几里得等一大批现代人熟知的大师级人物，科学、文化达到了当时世界的巅峰。

在更早的远古时期，由于社会生产力发展水平低，人们认识自然的能力处于比较初级的水平。这个阶段的人们还不能很好摆脱自然环境的控制，人们幻想采用某些方法影响自然事物或影响他人，于是出现了巫师与祭司，这些人在模仿自然界的某些过程时，必然要对自然界进行观察，这样就积累了一些知识。恩格斯曾说：“在希腊哲学的多种多样的形式中，差不多可以找到以后各种观点的胚胎、萌芽。”①尤其是对于物质本原以及天体问题的思索，往往被看作人类踏入科学世界的标志。

---

① 恩格斯. 反杜林论[M]//马克思，恩格斯. 马克思恩格斯选集：第三卷. 北京：人民出版社，1972：468.

关于世界万物的本原问题，米利都学派创始人泰勒斯（约前624—约前547）认为世界万物的本原是“水”，万物生于水又复归于水。后来的阿那克西米尼（约前588—约前525）则认为世界万物的本原是“气”，气的凝聚和稀释形成不同的物质。之后的赫拉克利特（约前540—约前475）又把富于变化的“火”作为世界万物的本原。

德谟克利特（约前460—约前370）和伊壁鸠鲁（前341—前270）认为世界是由原子构成的。他们认为：世界是由细小的、无数的、不能再分割的、看不见的微小原子和虚无的空间组成；原子在虚空中不停地做旋涡运动，原子彼此之间相互冲击，碰撞聚集在一起，并依靠原子上的“钩”“角”等形状上的差异，而机械地合成复合物，最终形成宇宙万物。万物的差异是因为原子的大小、形状、相对位置和运动方式的不同所致。毕达哥拉斯学派反对物质元素是万物本原的观点，认为“数”是独立于物之外的实质，数是万物本原，万物皆数。

关于对宇宙的认识，古希腊各个学派之间也有不同的观念。米利都学派的泰勒斯认为地像一个圆盘或圆桶浮在水上。毕达哥拉斯学派则用“数的和谐”来建构关于宇宙的理论，他们认为球体是最完美的几何形体，所以断言宇宙是球形的，当中是中心火团，宇宙中各种物体都围绕中心火团做均匀圆周运动；恒星紧紧地系在天的最高圆顶处，这个圆顶三万六千年绕中心火团转一周，下面是同心运动的球体。柏拉图学派的柏拉图（前427—前347）则认为天体是永恒神圣的，天体必须沿着完美的圆形轨道做均匀有序的运动，或者是沿着复合的圆周运动。作为柏拉图的学生欧多克斯（约前409—前355）首先提出了同心球层（地心说）模型：太阳、月球和行星都在以地球为中心的同心球壳中运动，为了使天体的合成运动符合实际观测数据，他设计了27个同心球。古希腊后期的阿波罗尼奥斯（约前262—约前190）为了克服同心球层模型的困难，提出了“本轮-均轮”结构模型：行星沿着本轮做圆周运动，本轮的中心又在以地球为中心的均轮上做圆周运动。后来的阿里斯塔克（约前310—约前230）提出了与地心说不同的见解：他认为地球不是宇宙的中心，太阳才是宇宙的中心，地球和行星都围绕太阳做圆周运动，恒星在远处是不动的。

古希腊的先哲们关于世界万物本原的构想，以及关于宇宙结构和运行规律的设想，在今天看来都还不够科学完善。但放在那个时代来看，充分体现了古希腊文明的先进性，体现了物理模型方法的力量。

人类社会进入文明时期后，哲学家出现了。哲学家是一类用理性认识自然界的人，他们区别于用“法术”的巫师。之后从哲学家中又分化出了科学家，他们专注于自然哲学的研究。在古希腊，早期的哲学是一种没有重点的“混沌哲学”，到亚里士多德时出现了转折，他详细讨论了物体运动的原因、地球与周围天体的关系等一系列问题。

在宇宙中，运动是最普遍的现象，我们随处可见：苹果往下落，热气球往天上飞；人推椅子就能移动，松手后椅子就停了下来。但物体为什么会运动呢？亚里士多德是这样解释的：地球是宇宙的中心，宇宙中日月星辰都是围绕地球运动。地球上的物质由水、火、土、气四种基本元素组成；土元素向宇宙中心运动（所以石头会下落），水元素也向宇宙中心运动，但趋势比土元素弱（所以水在土上面），气元素向土和水以上运动，火元素向远离宇宙中心运动；静止的物体，达到了宇宙中

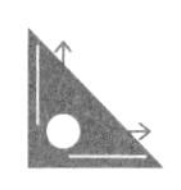



的自然位置或被挡住了。这套理论学说在当今看起来似乎是很“幼稚”的物理理论体系。但它很重要，是一套自洽的体系，能解释日常生活中的自然物理现象为什么会这样发生，也没有逻辑矛盾。于是我们把亚里士多德一整套看待世界的观点称为古希腊哲学世界观。亚里士多德是古希腊最博学的人，与他的老师柏拉图强调理论、思想不同，他强调经验、观察、实验，他说“吾爱吾师，吾更爱真理”。

自然哲学再进一步分化，就诞生了自然科学。雅典时期的哲学家就包含着若干科学家的潜在因素。亚里士多德赞同欧多克斯提出的“地心说”。他认为地球是宇宙的中心，地球之外有9个等距天层，依次为月球天、水星天、金星天、太阳天、火星天、木星天、土星天、恒星天和原动天。神灵住在原动天。每个天壳层由水晶构成，由神灵推动天壳层绕地球转动。他认为月球天以下的万物由土、水、气、火四种元素组成，月球天以上由“以太”组成。亚里士多德还提出“物理学”概念，并出版《物理学》（类似于今天的自然哲学著作，是专门研究自然现象的哲学书籍，不同于现在的物理学著作）一书。亚里士多德在其后期的科学著作中就包含了大量的观察材料，并采用了初步的实验方法。所以梅森说：“亚里士多德在希腊科学史上标志着一个转折点，因为他是最后一个提出整个世界体系的人，而且是第一个从事广泛经验考察的人。”①

自然哲学家的这种分化，在亚历山大里亚时期已经达到了

① 梅森．自然科学史[M]．上海外国自然科学哲学著作编译组，译．上海：上海人民出版社，1977：34.

一定的水平，公元前334年，亚历山大在埃及北部沿海建立亚历山大城。公元前323年，亚历山大的部将托勒密在埃及建立王国，定都亚历山大城。托勒密一世在此建立学术中心（亚历山大图书馆）和研究机构（科学院）。图书馆藏书70万卷，几乎包括所有古希腊的著作和部分东方典籍，在科学院中第一次出现了由国家供薪的研究人员。这一时期，希腊科学出现了从思辨转向经验考察的趋向，所以贝尔纳说："在亚历山大城，科学工作破天荒第一次组织起来了，而且是由国家来组织的。"①

阿基米德（前287—前212），古希腊人，被称为"可以撬动地球的人"。在《论浮体》中，阿基米德基于以下两个推论确立了自己的浮力定律：比重（密度）比液体轻的物体浸入液体中时将受到一个向上的力，这个力等于与该物体同体积的液体超过该物体本身重量的部分；比重比液体重的物体浸入液体中时将沉入底部，它在液体中所失去的重量等于与它同体积的液体的重量。总之，浸入液体中的物体所失去的重量，就等于它排开的液体的重量。阿基米德在物理学上取得了非常大的贡献，至今仍在沿用的杠杆原理也是他发现的。他在研究中发现两重物平衡时，所处的距离与重量成反比。阿基米德关于放入液体中的物体与其所受液体浮力关系的研究，以及杠杆平衡规律的研究，都采用了物理模型的方法。

如果说亚里士多德还在哲学层面尝试解释宇宙时，那么阿基米德就已经开始定量地描述整个宇宙的规律了。所以，如果

---

① 贝尔纳．科学的社会功能[M]．陈体芳，译．北京：商务印书馆，1982：55.

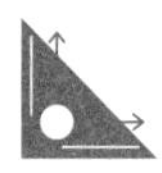



把亚里士多德称为哲学家的话，那么阿基米德则是人类历史上第一位科学家。

在之后的罗马时期，古希腊遗留下来的大量科学书籍、手稿惨遭多次焚毁，古希腊文明败落了。

在古希腊时期，自然科学研究还没有形成专业化，也就是说还没有形成认识和解释自然界的专门机构和研究团队。但亚里士多德、阿基米德等已经开始通过经验、观察、实验来认识自然界，并初步建立起一套认识自然规律的方法，利用这些方法建立了杠杆、浮力、落体运动等物理模型。这一时期的物理模型思想与物理学的萌芽，对后世物理学的发展起到了不可磨灭的历史作用，没有这一时期的历史性贡献，就不会有后来的科学，也不会有现代自然科学与技术基础的物理学。首先，古希腊时期积累了大量的关于自然界的知识，比如在进行技术性的劳动时，对物体的结构、性能及有关力学、运动规律等有了一定的了解，提出了一些关于自然界的基本观点，如自然界的本原问题、物质形态、运动形态和时间空间形式问题、宇宙论问题，还建立了认识论与逻辑方法，等等。现在的很多物理模型思想大都可以在这一时期的哲学思想中找到它的雏形。

### 1.3.2 中国古代物理模型思想的起源

中国古代物理学历史悠久，源远流长，与同一古代时期的任何一个民族相比，中国古代物理学具有特别丰富的内容。中国古代物理学在模型方面，对自然现象观察得特别敏锐，描述得非常细致，具有实用性强的特点，注重了与各种哲学思想的融会贯通。但是中国古代的物理模型思想也存在“莫可原其理”的缺陷，较多的是对具体物理现象的孤立考察，缺少对现象的归纳和总结，因此少有物理理论上的升华。在研究方法上，由于受到整体思维理论框架的束缚，对物理现象的思考与解释通常采用模糊的、形象的证明方式，缺乏对物理现象的具体分析与逻辑思考，缺乏与数学的结合，不善于用数学语言来描述物理模型，因此很难正确把握物理现象的本质，建立符合客观实体的物理规律。

关于世界的本原与物质的构成，中国古代有多种说法，典型的说法有“五行说”“元气说”等。

“五行说”始于夏朝，流行于商朝，到了西周发展为“五行元素说”。据《国语·郑语》记载，西周末年，太史官史伯在总结前人思想后说：“夫和实物，同则不继，以他平他谓之和，故能丰长而物生之，若以同裨同，乃尽弃矣。故先王以土与金、木、水、火杂以成百物。”这里已十分明确地把水、火、木、金、土五种基本物质当成组成世界万物的原始材料。五行元素说不仅具有朴素的元素概念和物质相互转化的观念，实际上也建构了构成世界和描述世界运行规律的物理模型。到了春秋时期，进一步发展出了五种元素相生相克的学说：土生金、金生水、水生木、木生火、火生土；土克水、水克火、火克金、金克木、木克土。五行依一定的次序而相生，又依一定的次序而相克。这种关系深刻地揭示了组成世界的五种基本物质元素在相互转化的复杂变换过程中，生成和消失是受控的，在量上是互补的，因而元素的种类和总量不增不减，物质是守恒的。

中国古代的哲人们期望着将世界万物本原归结为一种统一的物质，认为世界应该是由一种连续分布于整个空间的物质所构成，而不像“五行说”那样是各种元素的组合。在“道”和

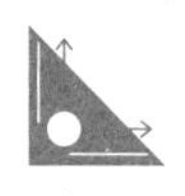



“太极”的思想指导下，逐渐形成并发展成为在中国古代自然观中重要的、占主流地位的“元气说”。

春秋战国时期，老子认为由最高范畴的“道”，生出阴阳二气，进而再产生万物。庄子继承和发扬老子的学说，提出“通天下一气”的思想。元气说在春秋战国时期出现，在汉代逐渐成熟，经过唐、宋得到相当大的发展，明末清初达到高峰。由汉代的王充、唐代的柳宗元和刘禹锡为代表，形成了“元气自然论”；由宋代张载和明末清初的王夫之为代表形成了“元气本体论”。

东汉时期的王充（27—约97）在《论衡》中说，“天地，含气之自然也”“天地合气，万物自生”。宋代的张载（1020—1077）指出：“太虚者，气之体……形聚为物，形溃反原。”明末清初的王夫之（1616—1692）在《张子正蒙注·太和》中说，“聚散变化，而气本体不为之损益”“车薪之火，一烈而尽，而为焰，为烟，为烬，木者仍归木，水者仍归水，土者仍归土，特希微而人不见尔”。元气说的内容非常丰富，主要思想有：①气是充满整个宇宙客观存在的物质，是万物本原；②气有聚集和离散两种状态，太虚即气，气无生无灭；③气分阴阳，永远处于运动变化之中；④物质不灭。

元气说强调事物间的相互联系和相互转化，符合自然界的真实变化，与自然本性更接近。但元气说终究是一种思辨理论，没有实验、数学等科学方法的配合，长期停留在推测、玄想阶段。

在中国古代，人们还不可能自觉地、系统地运用实验方法，也不可能通过严密的逻辑推理和数学形式进行科学的概括，使之成为完整的知识体系。但这一阶段仍是物理学形成与发展的先导和渊源，是物理学发展的孕育和萌芽时期。从早期人类的遗迹中我们看到，人类为了生存，在获取生活和生产资料的过程中，在与大自然的各种斗争中，不断认识自然，改造自然，从而孕育和形成了早期的物理知识和物理思想，在力、热、光、电、声、磁和物质结构诸方面都有充分的发展，为近代科学的诞生奠定了一定的基础。下面以长度模型为例我们来看其形成过程。

古时候，长度的计量总是和容量、重量的计量联系在一起的，并统称为“度量衡”。长度模型的建立和发展不仅用于物理学的测量，而且对政治、经济、社会生活都产生了很大影响。

公元前221年，秦始皇凭借超人的胆识与韬略统一了六国，结束了持续500多年的诸侯割据，建立了中国历史上第一个统一的中央集权的封建国家。

在大统一前的各国，度量衡的管理体系、器物名称、计量标准、单位量制都存在很大差异，给国家管理和经济贸易带来了极大的不便。以“量”为例，战国末期各诸侯国都普遍采用升、斗等单位，但魏国采用的是“镒”。即使计量单位名称相同，单位数值也不同。以“升”为例，齐国1升约为今天的200毫升，赵国则约为175毫升。

怎么对度量衡进行统一呢？简单的方法就是国家制作统一的尺子，颁行全国。在确定长度单位的同时，“量”与“衡”的基本单位与进率也得到了基本的确定与使用。《战国策·秦策》记载：“夫商君为孝公平权衡，正度量，调轻重，决裂阡陌，教民耕战……故秦无敌于天下。”公元前344年，商鞅亲自监督制造了一批度量衡标准器，发放到全国各地，督促各地

严格遵照使用。统一的度量衡加快了秦国强盛的步伐，从这个意义上说，度量衡里出政权。此后，历代王朝更替都要重新考校、制定度量衡标准，颁发标准器具。

中国长度的起源大致有三种说法，即布知说、律黍说和丝忽说。

布知说的内容从《孔子家语》可见："布指知寸，布手知尺，舒肘知寻"，意思是说：从中指的指端到第一横纹的长度定为一寸，拇指和中指之间的距离定为一尺，两臂伸开长为八尺，称为一寻。即用人体的手指、手和手臂等作为度量单位来度量长度。

律黍说的详细记载见之于《汉书·律历志》中："度本起黄钟之长，以子、谷、秬、黍中者，一黍之广度之。九十分，黄钟之长。一为一分，十分为寸，十寸为尺，十尺为丈，十丈为引。""黄钟"是中国古代音律名之一，相当于现在乐音中的C调。这种方法显然是运用了声音的波长与律管长度成正比的特点，在当时确信无疑处于世界领先地位。将音律作为测量基准，其基本原理与20世纪采用光波波长确定"米"的基准有惊人的相似之处。

丝忽说见之于公元400年左右的《孙子算经》，该书中说："度之所起，起与忽。欲知其忽，蚕吐丝为忽，十忽为一丝，十丝为一毫，十毫为一厘，十厘为一分，十分为一寸，十寸为一尺，十尺为一丈，十丈为一引，五十尺为一端，四十尺为一匹。六尺为一步，二百四十步为一亩，三百步为一里。"

在中国自夏朝起，随着手工技术的发展，物理知识开始积累；春秋战国时期科学技术蓬勃发展，中国古代物理学开始形成；秦汉时期，形成一个发展高峰；宋元时期达到鼎盛。至此，在西方近代科学诞生之前，中国的科学技术在各个领域都居世界领先地位。明末至清初以后，科学和科学技术的发展逐渐落后于西方，这一时期，西方物理知识开始向中国输入。

## 1.4 物理学发展史上的重要模型及其对物理学发展的影响

物理模型在物理学的发展中扮演着重要的角色，它不仅可以帮助物理学家更好地理解物理现象和过程，还可以推动物理学的发展和进步。下面将简单介绍几个重要的物理模型及其对物理学发展的影响。

（1）伽利略的自由落体模型。

伽利略的自由落体模型是物理学中的经典模型之一。伽利略通过实验观测和数学推导，得出了自由落体的运动规律，从而为牛顿的运动定律奠定了基础。这一模型的重要性在于，它提供了一种实验和理论相结合的方法，为后来的科学研究提供了重要的借鉴。

（2）牛顿的经典力学模型。

牛顿的经典力学模型是物理学史上的重要里程碑之一。他的三大定律提供了描述物体运动的基本框架，从而使得人们能够精确地预测天体运动、机械系统的行为等。这一模型不仅奠定了经典力学的基础，还为后来的科学家提供了探索更复杂现象的工具，如引力、摩擦和弹性等。牛顿的工作在物理学发展史上具有不可磨灭的地位，为了解自然界的基本规律奠定了基础。

（3）麦克斯韦的电磁场理论。

19世纪，麦克斯韦提出了电磁场理论，将电和磁的相互关

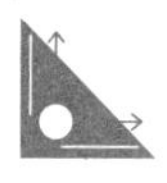



系描述为一组方程式。这一模型统一了电场和磁场的理论，揭示了电磁波的存在，并最终导致了电磁辐射理论的发展。麦克斯韦的工作不仅对电磁学有着深远的影响，还在现代通信、电子技术和光学等领域发挥着关键作用。

（4）爱因斯坦的狭义相对论和广义相对论。

爱因斯坦的狭义相对论和广义相对论是现代物理学的双重支柱。狭义相对论改变了我们对时间、空间和相对运动的理解，提出了著名的质能方程 $E=mc^2$，揭示了光速的不变性。广义相对论进一步推广了这些观念，提出了引力是由物质弯曲时所产生的空间、时间弯曲所引起的。这两个理论对宇宙学、天体物理和黑洞研究等领域产生了深远的影响。

（5）量子力学模型。

20世纪初，量子力学的诞生彻底改变了我们对微观世界的理解。量子力学是描述微观世界的理论，它的发展彻底颠覆了我们对自然界的直观认识。著名的薛定谔方程和波粒二象性原理是量子力学的重要组成部分。这一模型不仅解释了原子和分子的结构和行为，还为半导体技术、核物理学和量子计算等领域的发展奠定了关键基础。

（6）大爆炸理论。

宇宙学中的大爆炸理论为我们提供了宇宙起源和演化的关键理论框架。该模型表明，宇宙在大约138亿年前起源于一个极度高温高密度的点，然后经历了膨胀和冷却的过程。大爆炸理论预测了宇宙背景辐射的存在，这一辐射已在实验中被观测到，为宇宙的起源提供了强有力的证据。此外，大爆炸理论还解释了宇宙中的元素丰度和宇宙背景微波辐射的分布，对天文学和宇宙学产生了深远影响。

以上列举了物理学发展史上的几个重要物理模型，这些模型不仅为物理学研究提供了重要的工具和方法，而且对于人类对自然界的理解和认识有着深远的影响。这些物理模型的建立和发展，不仅推动了物理学的发展和进步，而且也深刻影响了人类文明的发展和进步。同时，这些物理模型的建立和发展，也反映了人类对于自然界探索的不懈努力和追求真理的不懈精神。在今天这个科技高度发达的时代里，我们更加需要继承和发展这种追求真理的精神和传统，不断推动科学技术的进步和发展，为人类文明的进步和发展做出更大的贡献。

# 2 力学中的典型物理模型

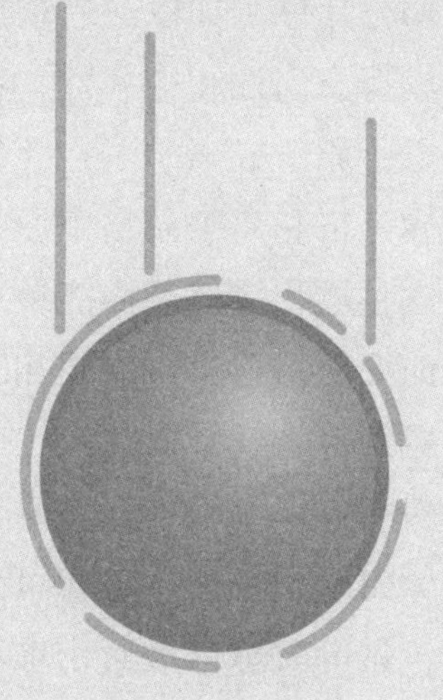

物理的主要研究方法是建立理想模型法，就是把复杂的问题简单化，摒弃次要条件，抓住主要因素，对实际问题进行理想化处理，构建理想化的物理模型，这种重要的物理思想方法在力学的发展中得到了很好的应用。下面介绍几种力学中的典型物理模型。

## 2.1 最紧密堆积模型

为了解释晶体的结构和性质，常把晶体看成是由直径相等的圆球状原子在三维空间堆积构成的模型，通常称为晶体的堆积模型。这种基于致密颗粒堆积几何知识的模型，可帮助解释很多体系的结构，包括液体、玻璃、晶体、颗粒和生物体系，成为一种常用的模型方法。

考虑到部分晶体（如以金属键或离子键为主的晶体）中质点间的联系没有方向性和饱和性，我们可将金属晶格和离子晶格内部的质点（原子或离子）在几何形式上视为具有一定体积的球体。金属晶格和离子晶格中原子或离子的排布，可视为球体的堆积，这种堆积应遵循内能最小，使晶体处于最稳定状态的原则，因而要求球体尽可能地相互靠近，占据最小的体积，这就是球体最紧密堆积原理。

固体材料质点间处于平衡态时，相当于原子和离子在结构中做球体最紧密堆积。球体堆积可分为两种基本类型，一种是单质（原子）做等大球体最紧密堆积，如纯金属晶体；另一种是离子做不等大球体的紧密堆积，如离子晶体。

### 2.1.1 等大球体最紧密堆积

金属晶体中金属原子的堆积是较典型的等大球体最紧密堆积。等大球体最紧密堆积及其空隙的研究，有助于理解许多晶体特别是以金属键或离子键为主要键型的晶体结构。

等大球体在平面内做最紧密排列时只有一种方式，如图2-1所示。这是做单层最紧密排列情况。此时，每个球与周围的六个球相邻接，球的位置记为A；球与球之间形成三角形空隙，其半数尖端指向下方，其位置记为B，另半数尖端指向上方，其位置记为C。

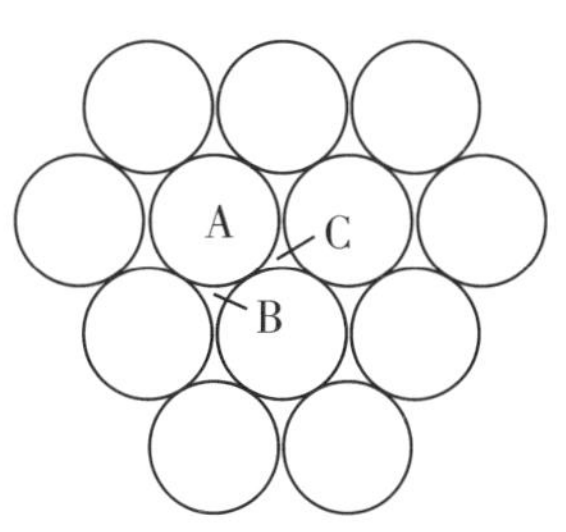


图2-1 等大球体在平面内的最紧密堆积及其空隙

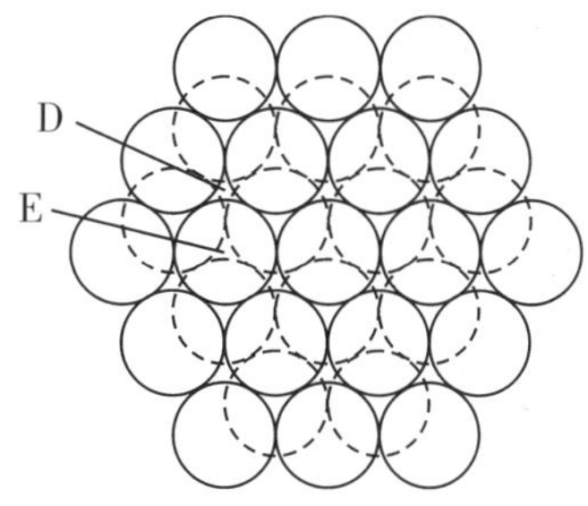


图2-2 两层球的最紧密堆积及其空隙

当考虑将第二层紧密堆积叠加到第一层上去时，从图2-2可看出，第二层的每个球均与第一层中的3个球体相邻接触，且要落在同一种三角形空隙（B空隙或C空隙）位置上，但其结果并无本质的差别。此时，第二层存在两类不同的空隙，一种是连续穿透两层的空隙（D空隙），另一种是未穿透两层的空隙（E空隙）。

再最紧密叠置第三层球体时，鉴于第二层上出现两种空隙，第三层将有两种不同的堆积方式，从而形成两种球体最紧密堆积。

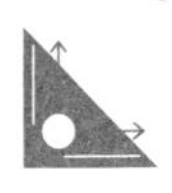



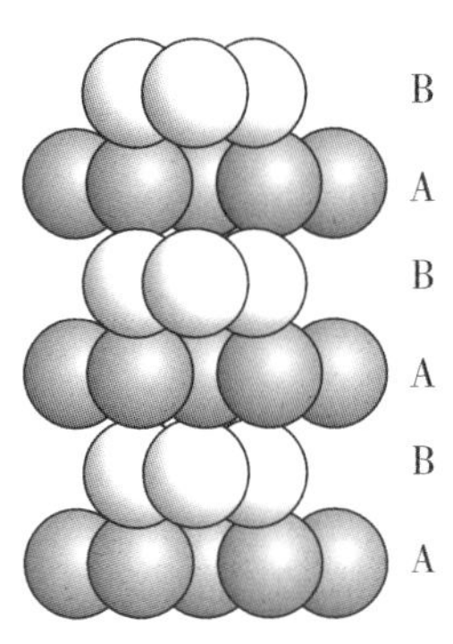

图2-3 二层最紧密堆积侧视图

一种是第三层的球体落在未穿透的空隙位置上，从垂直于图面的方向观察，此时第三层球的位置正好与第一层相重复。如果继续堆第四层，则第四层又与第二层重复，而第五层与第三层重复，如此继续下去，每两层重复一次。这种紧密堆积方式称为二层最紧密堆积，用ABAB…的记号表示，如图2-3所示。又由于在这种堆积中，可以找出六方晶胞，其中相当点（球）是按六方格子排列的，所以也称为六方最紧密堆积。

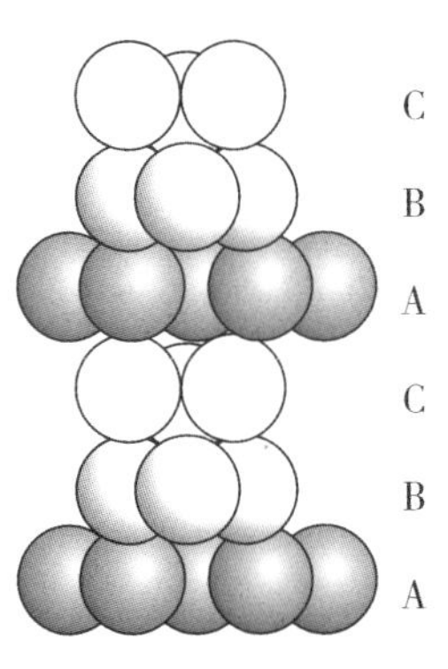

图2-4 三层最紧密堆积侧视图

另一种堆积方式是第三层的球体落在连续穿透两层的空隙位置上。这样第三层和第一、二层都不同。叠置的第四层才与第一层重复，第五层与第二层重复，第六层与第三层重复，每三层重复一次。这种紧密堆积方式称为三层最紧密堆积，用ABCABC…的记号表示，如图2-4所示。又由于在这种堆积中，可以找出立方晶胞，其中相当点（球）是按立方面心格子分布，所以也称为立方最紧密堆积。

在矿物中，由等大球体按最紧密堆积规律构成的矿物并不多，常见的有自然铜、自然银、自然金、铂族元素等数种自然元素矿物。但是在离子化合物中，由于阴离子体积常大大超过阳离子，所以其晶体结构中常是阴离子做等大球体最紧密堆积，阳离子则位于剩下的空隙中。据计算，在等大球体最紧密堆积中，球体只占据空间的74.05%，有25.95%的剩余空间。

因此，研究等大球体最紧密堆积，不仅对了解自然金属晶体有意义，而且能指导对离子化合物晶体结构的研究。为了研究离子化合物的结构，不仅要了解等大球体最紧密堆积的方式，而且要研究其中的空隙。

在上述的等大球体最紧密堆积中，存在着两种空隙。一种是处于四个球体包围之中的空隙，四个球体中心之连线恰好成一个四面体的形状，称为四面体空隙（图2–5）。这种空隙就是上面所述的未穿透两层的空隙。另一种是处于六个球体包围之中的空隙，六个球体中心之连线恰好连成八面体的形状，称为八面体空隙（图2–6）。这种空隙就是上述连续穿透两层的空隙。

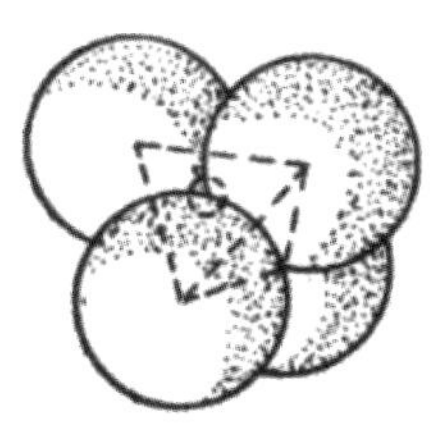

图2–5　四面体空隙

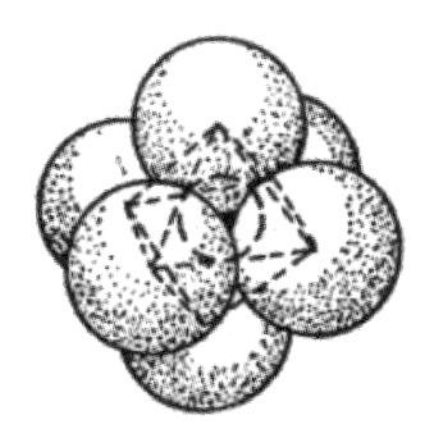

图2–6　八面体空隙

显然八面体空隙的空间要大于四面体空隙。在等大球体做最紧密堆积中，四面体空隙数、八面体空隙数与球体的数目有一定的关系。经过计算，四面体空隙数为等大球体数的两倍。八面体空隙数等于球数。即若有$n$个等大球体做最紧密堆积，则四面体空隙有$2n$个，八面体空隙有$n$个。

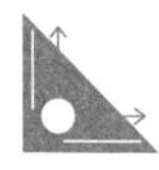



## 2.1.2 不等大球体的紧密堆积

对于不等大球体堆积，如果球径差别较大，较小尺寸的球可以近似填充在八面体或四面体空隙中的话，这种情况可以看成较大的球体做等大球体的最紧密堆积，较小的球按其本身的大小，填充在八面体或四面体空隙中，此时就形成了不等大球体紧密堆积的一种方式。这种堆积方式在离子晶体构造分析中经常使用，它相当于半径较大的阴离子做最紧密堆积，半径较小的阳离子填充于空隙中。如图2-7所示。

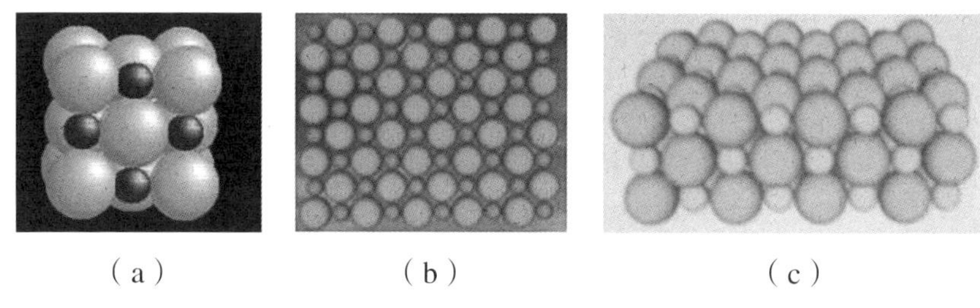

（a）（b）（c）

图2-7　不等大球体的紧密堆积

在实际晶体构造中，阳离子的大小不一定能无间隙地填充在空隙中。比如离子键晶体中阴阳离子半径差异较大，阴离子做近似紧密堆积，阳离子填充其空隙，往往阳离子稍大于空隙而将周围的阴离子略微“撑开”。相反，在某些晶体构造中，比如以共价键为主的原子晶格，由于共价键的方向性和饱和性，其组成原子不能做最紧密堆积。如果阳离子的尺寸较小，填充在阴离子形成的空隙内允许有一定的位移偏差。这两种结果都可能导致阴离子近似做最紧密堆积或出现某种程度的变形，情况较为复杂。

## 2.2　杠杆模型

生活中跷跷板是常见的、也是孩子们特别喜爱的玩具，如图2-8所示，跷跷板两端的两个人可以实现上下跷动。如果一个重量重的大人与一个重量轻的小孩玩跷跷板，小孩远离跷跷板的固定点，大人靠近跷跷板的固定点，小孩就能把大人跷起来。这其中是什么原理呢？

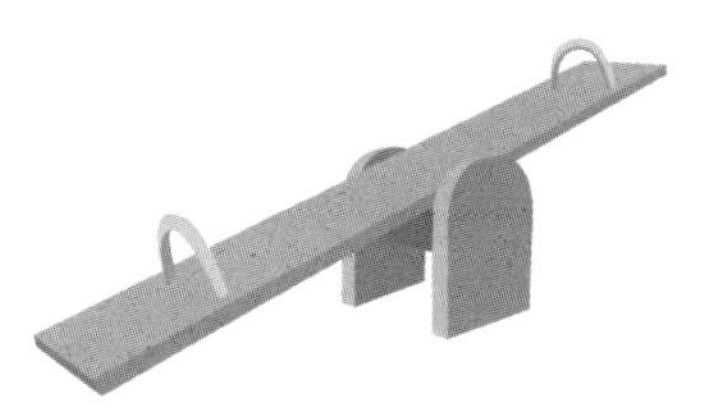

图2-8　跷跷板

跷跷板其实是一个杠杆。那么杠杆是一种什么模型呢？

关于杠杆，中国历史上早有记载。在春秋时期就已使用的桔槔与权衡，则是关于杠杆原理应用的较早记载。

桔槔，俗称吊杆或吊井，为井上汲水工具，如图2-9所示。其结构是支起或悬挂一根细长的横杆，当中为支点，末端悬挂一重物，前端悬挂水桶。当人将水桶放入井中打满水后，由于杠杆末端的重力作用，能轻易把水提拉至所需之处。最早有关桔槔的记载，是战国庄周所著《庄子》中记载：“且子独不见夫桔槔

图2-9　桔槔

者乎？引之则俯，舍之则仰。”意思是说：况且，你没有看见那吊杆汲水的情景吗？拉下吊杆，水桶便俯身临近水面；放开吊杆，水桶就高高仰起。据传，桔槔是春秋时期郑国大夫邓析发明的，之后成为中国古代农耕主要灌溉机械，有些地方沿用至今。

所谓权衡，指的是天平与杆秤。

天平是一种等臂杠杆，大概在春秋战国时已做得很灵敏和准确了。《慎子》上记载：“措钧石使禹察之，不能识也；悬于权衡，则厘发识矣。”意思是说：放一块15 kg的石头让禹这样英明的人来审核它的重量，也不能知道（它的确切重量）。如果将它挂在天平上称量，那么就像头发那么轻的分量都知道得清清楚楚。看来那时天平的灵敏度是很高的了，考古出土的天平与砝码也证明这一点。例如长沙左家山出土的战国的木衡与铜权，做得十分精细；大小和现在常用的天平不相上下，各部分比例也很适当，横梁长27 cm，中点穿丝线提纽；离横梁两端各0.7 cm处，用长9 cm的丝线各系一个直径4 cm的铜盘；砝码共9个，最大的12.5 g，最小的0.6 g，各个差数有一定的规律。从这架天平看，当时的确能称量很轻的物体。

杆秤是不等臂杠杆。我国是世界上最早发明杆秤的国家。国外约于公元前200年才有杆秤，那时我国甚至可以制造称量几百斤的大秤了。在约1000年以前，又制造出专门称量轻小物体的小杆秤，叫作“等子”，清代以后也叫作“戥子”，杆长只有一尺（约0.33 m）左右。现在中药铺和金银首饰店里都还用着，人们也叫它为“银秤”或“钱秤”。在实用上，杆秤比天平方便。一则可以称量很重的东西，二则不必备一整套砝码，装上两个或三个提纽，就可以有两三个不同的量程。从天平到杆秤就是从等臂平衡发展到不等臂平衡，是杠杆原理应用的一个重大发展。

由于桔槔、权衡等机械的长期使用，不可避免地积累了关于杠杆的知识，也促使古人去研究其中的规律，在战国时代的墨家就总结了这方面的规律，他们在《墨经》中就有两条专门记载杠杆的原理。

一条是对桔槔制造原理的说明：在横杆的一端加上重物而不致发生偏转，那一定是预先固定有石块的一端（即“极”）的转矩，足以胜任重物一端的转矩。此时如果把支点移近“极”端，即不必另加重物也可以使杠杆偏转，这时是“极”的转矩不能胜任重物的转矩。

另一条是专门从杠杆原理讨论天平与杆秤的。关于天平部分：天平横梁的一臂加重物，另一臂必得加砝码，两者必须等重，才能平衡。关于杆秤部分：杆秤的提纽到重物的一臂比较短，提纽到秤锤的臂比较长，如果两边等重，秤锤一边必下落。

这两条对杠杆的平衡条件说得很全面：有等臂的，有不等臂的；有改变两端重力使它转动的，也有改变两端长度使它转动的。这个结论先于阿基米德发现了杠杆平衡条件。这样的记载，在世界物理学史上都是非常有价值的。

而在西方，古希腊科学家阿基米德有这样一句流传很久的名言：“给我一个支点，我就能撬起整个地球！”公元前287年，阿基米德在西西里岛的叙拉古（今意大利锡拉库萨）出生。在亚历山大里亚留学的时候，他从埃及农民提水用的吊杆和奴隶们撬石头用的撬棍受到启发，发现可以借助一种杠杆来达到省力的目的，而且手握的地方到支点的这一段距离越长，

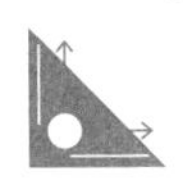



就越省力气。阿基米德在《论平面图形的平衡》一书中提出了杠杆原理。他首先把杠杆实际应用中的一些经验知识当作“不证自明的公理”，这些公理是：

①在无重量的杆的两端离支点相等的距离处挂上相等的重量，它们将平衡；

②在无重量的杆的两端离支点相等的距离处挂上不相等的重量，重的一端将下倾；

③在无重量的杆的两端离支点不相等距离处挂上相等重量，距离远的一端将下倾；

④一个重物的作用可以用几个均匀分布的重物的作用来代替，只要重心的位置保持不变。相反，几个均匀分布的重物可以用一个悬挂在它们的重心处的重物来代替；

⑤相似图形的重心以相似的方式分布。

正是从这些公理出发，阿基米德确定了各种平面图形的重心，并对杠杆平衡条件做了严格的数学论证，得出了杠杆原理，即“二重物平衡时，它们离支点的距离与重量成反比”。

为更好地理解杠杆模型，我们先认识中学阶段关于杠杆的几个物理量，如图2-10所示。

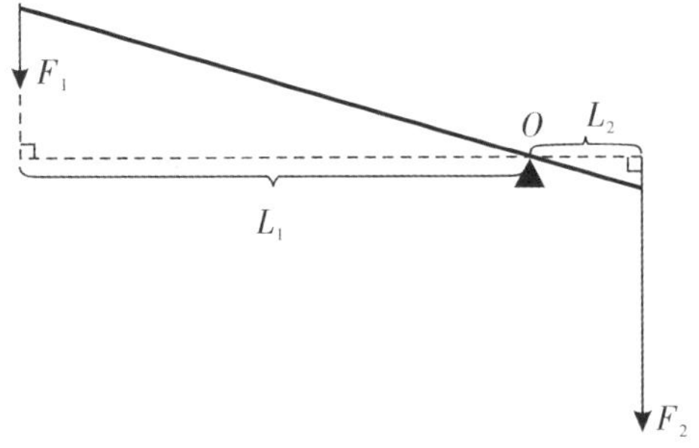


图2-10　杠杆

①支点：杠杆绕着转动的固定点，通常用$O$表示。

②动力：促使杠杆转动的力，通常用$F_1$表示。

③阻力：阻碍杠杆转动的力，通常用$F_2$表示。

④动力臂：从支点到动力作用线的距离叫动力臂，通常用$L_1$表示。

⑤阻力臂：从支点到阻力作用线的距离叫阻力臂，通常用$L_2$表示。

支点、动力、阻力、动力臂、阻力臂被称为杠杆五要素。使用杠杆时，如果杠杆静止不动或绕支点匀速转动，那么杠杆就处于平衡状态。实验表明，杠杆平衡的条件为：动力×动力臂=阻力×阻力臂，即

$$F_1 \times L_1 = F_2 \times L_2$$

根据上面的杠杆平衡条件，杠杆可分为省力杠杆、费力杠杆和等臂杠杆。这几类杠杆有如下特征：①省力杠杆：$F_1<F_2$，$L_1>L_2$；②费力杠杆：$F_1>F_2$，$L_1<L_2$；③等臂杠杆：$F_1=F_2$，$L_1=L_2$。要想既省力而又少移动距离，是不可能实现的。

所以回到前面提到的跷跷板，也是利用了杠杆原理。两个人对跷跷板的压力是动力和阻力，人到跷跷板力作用线的距离是力臂。大人的重量虽然大，但只要大人的力臂足够短，则大人力臂和重量的乘积就能小于小孩力臂和重量的乘积，就能把大人跷起来。

现在我们说的“杠杆模型”，已脱胎于具体的一根绕固定轴（或支点）转动的硬棒，但却可概括为众多原型的共性：能绕固定轴（或支点）转动，或可以看成绕某一根假想的轴转动，并且已不限于只受到一个动力和一个阻力的简单情况。它

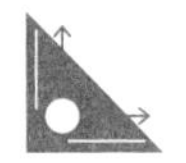



的平衡条件也已从中学物理归纳的“动力×动力臂=阻力×阻力臂”，上升到力矩的角度：有固定转动轴物体的平衡条件是合力矩为零，即$\sum Fx=0$，也就是使杠杆绕顺时针转动的所有力矩之和等于使杠杆绕逆时针转动的所有力矩之和。

在生产生活中到处都是杠杆模型，例如日常生活中的用具，工农业生产、现代化的机器设备等，几乎每一台机器中都少不了杠杆。在人体中，同样也有许多的杠杆在起作用，拿起一件东西，甚至跷起脚都是人体的杠杆在起作用。

如图2-11所示，手托举圆球的过程中，人的手臂绕肘关节动，可以看成是由肌肉和手臂骨骼组成的杠杆在转动，肘关节是支点，肱二头肌肉所用的力是动力，圆球的重力是阻力。所以人的前臂可视为费力杠杆，当曲肘将圆球向上举起时，肌肉要花费约6倍以上的力气。虽然费力，但是可以省距离，提高工作效率。

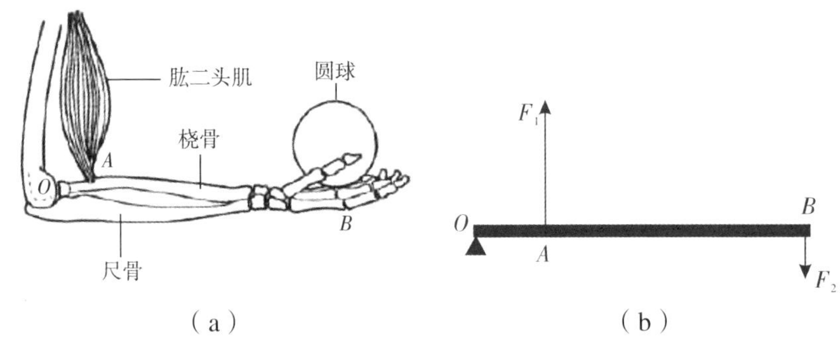


（a）　　（b）

图2-11　手托举圆球及其杠杆模型

如图2-12所示，我们走路跷起脚时，脚掌的骨骼可看作一个杠杆。脚掌根是支点，人体的重力是阻力，腿肚肌肉产生的拉力是动力。由图可知，走路时的脚可看作一个省力杠杆。

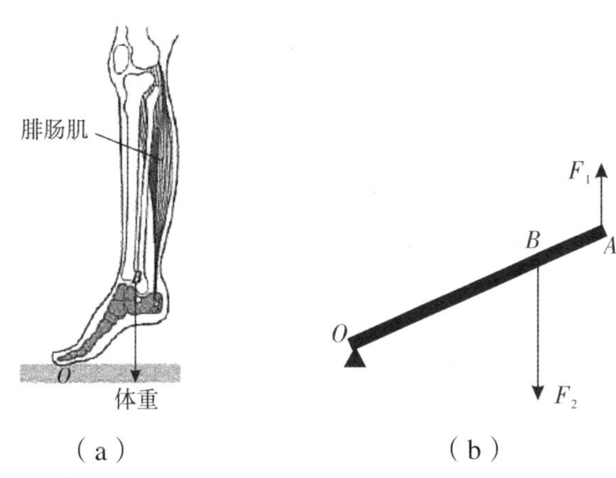


（a）　　　　　　（b）

图2-12　踮起脚及其杠杆模型

## 2.3　斜面模型

斜面是人们生活中熟悉的事物。通过斜面牵引重物到一定高度比直接将该物举到同样高度要省力。中国古人对此就有许多发现。

《荀子·宥坐》中说：“三尺之岸而虚车不能登也，百仞之山任负车登焉。何则？陵迟故也。”意思是说：三尺高的堤岸，空车推不上去，而百仞高山，即使是满载的重车也能推上去。这是什么原因呢？这是因为山虽然高，但坡度平缓，故也能把重车推上去。

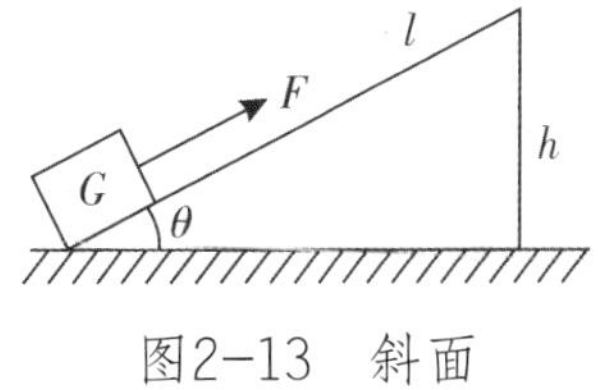


图2-13　斜面

如图2-13所示，斜面高$h$，斜面长$l$，在不考虑摩擦力的情况下，用力$F$将重物$G$匀速拉上斜面顶端。拉力$F=G\sin\theta=G\frac{h}{l}$，$\frac{h}{l}$的比值越小，$\theta$角越小，斜面坡度越小（常用$\tan\theta$表示坡

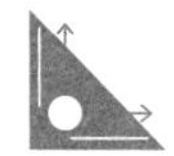



度），*F*也越小，即越省力。

远在约公元前2200年，商代铜器盛行，已建立了冶铜工业。1988年在江西瑞昌铜岭发现的古铜矿遗址，属于商代中期，遗址中有三条斜巷，斜巷是从露天开采进入地下巷道开采之间的引道。1973年，在湖北大冶铜绿山古铜矿发现斜井，斜井是从地面斜向通达地下巷道的井筒，采矿时用以运输、通风和排水。可见斜面早在商代已广泛运用于采矿业。

墨家对斜面也做过深入的研究，并设计了斜面引重车（图2–14），利用它来提高重物可以节省人力。该车构造巧妙，前轮矮小，后轮高大，前后轮之间装上木板，就成为斜面。在后轮轴上系紧一绳索，通过斜板高端的滑轮将绳的另一端系在斜面重物上。这样，只要轻推车子前进，就可以将重物推到一定高度。虽然当时没有提出利用斜面可以省力的道理，但省力的思想是包含在其中的。

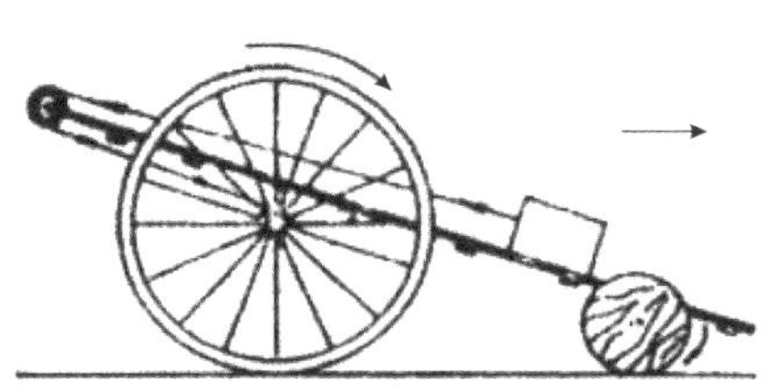

图2–14　斜面引重车示意图

船舶是古老的水上运输工具，每只船上必备一块跳板。当船靠岸时，将它搭在船与岸之间，一般是斜坡形，构成可移动的斜面，便于乘客上下船和搬运货物。即使是现代轮船，码头上也为它准备跳板，这也是斜面的简便应用。

斜面的力学特性，在桥梁建造中也是必须考虑的重要因素。为减少桥面坡度，桥两头靠近平地的地方常修很长的引桥，中国在隋朝的桥梁建造中已充分注意到这一点，河北的赵州桥就是范例。赵州桥坐落在河北省石家庄市赵县的洨河上，由隋朝著名匠师李春设计和制造，是当今世界上建造久远、跨度最大、保存最完整的大型石拱桥。赵州桥全长64.4 m，拱券净跨约37 m，是一座单孔坦拱式拱桥。坦拱式拱桥为李春首创，过去的拱桥大多建在河道狭窄的地方，采用半圆形拱形式。洨河两岸地势平坦，河面较宽，如依照传统的半圆拱，桥面最高处要高于地面一二十米，形成陡坡，车辆无法通行，人马过桥也颇为困难。李春将半圆拱改为圆弧拱，使拱顶到拱脚的高差仅约7 m，与拱跨度比约为1：5，成为坦拱桥，方便了人马和车辆的通行。

中国传统建筑的屋顶，多采用人字形屋顶，由两个倾斜的屋面和一条屋脊组成。两个屋面就是两个斜面，其作用是使雨水有一个沿斜面向下的分力，顺着瓦沟流下，不致积聚在屋顶上。还有一个重要考虑，使屋顶瓦片的重力不全部落在椽子和屋柱上。如图2-15所示，$G$为瓦片的重力，$N_1=G\cos\theta$，使瓦片有一个下滑的趋势，它由瓦片之间、瓦片与瓦席之间的静摩擦力平衡。$N_2=G\sin\theta$为瓦片作用在椽子和屋柱上的压力。从这些点来看，斜面形屋顶的设计既科学又巧妙。

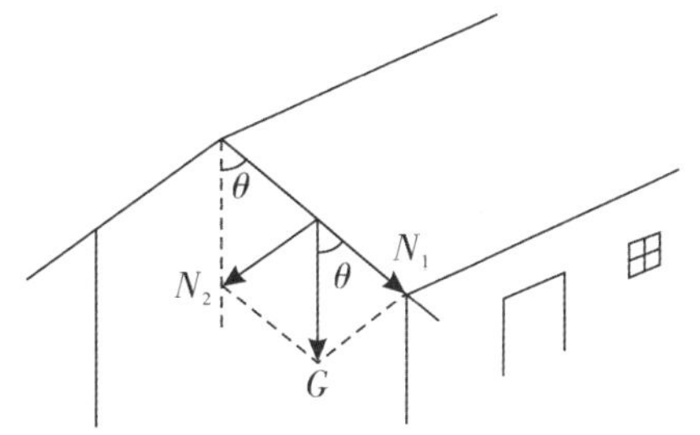

图2-15　人字形屋顶受力分析

人类就是在应用斜面于生活和生产上，逐渐认识了斜面的

特点。斜面也逐渐成为影响人类思维方式的模型。

近代物理学家伽利略对斜面爱不释手，可以说是伽利略把斜面模型带进了物理学。伽利略相信自由落体运动是一种匀加速运动，不过要想证明这一点，就必须通过实验获得下落物体速度的增加与下落时间成正比的数据。由于落体运动太快，直接测量自由落体运动的速度是很不容易的。所以，伽利略想到了用物体的斜面运动来代替直接的自由落体运动，因为他通过证明知道斜面运动和自由落体运动具有相似的性质。于是伽利略进行了著名的斜面实验，他在《关于两门新科学的对话》中对这个实验描述得十分具体。伽利略斜面实验的成功，不仅导出了落体定律和惯性定律，更重要的是使物理学有了一个良好的开端。

现在，斜面模型是中学物理中常见的模型之一，斜面模型方法在中学物理学习中具有重要的意义。如借助斜面的几何特点，尤其是斜面的角度，可以对共点力的平衡、牛顿运动定律、匀变速运动规律以及功能关系、动量等知识综合考察。

中学物理中的斜面问题，情况多种多样。既可能是一个斜面，也可能是多个斜面；既可能是光滑的，也可能是粗糙的；既可能是固定的，也可能是运动的；即使是运动的，也可能是匀速运动或变速运动。斜面上的物体，同样也形式多样。可能是质点，也可能是连接体；可能是带电小球，也可能是导体棒。因此，在分析处理斜面问题时，要学会综合应用力学、电磁学的理论知识和物理规律分析解决实际问题。同时还要掌握整体法与隔离法、极限法、极值法等物理方法，对于提高考察分析、推理能力具有重要的教学价值。

## 2.4　落体模型与匀变速直线运动

落体运动是存在于自然界很普遍的一种运动形式。下落的雨滴，飞落的柳絮、树叶、雪花等都是做落体运动。现实中没有两个雨滴和两片树叶的运动情况是完全相同的，这是因为它们在下落的过程中受到周围空气扰动的结果。但是，下落的雨滴、飞落的树叶本质上又具有相同的共性特征。为了研究问题的方便，我们把其中次要的因素去掉，抽象出本质的东西，就构成了落体模型。我们建立的自由落体运动模型，简单地说，一个物体由静止开始从高处释放下落的运动就是自由落体运动。自由落体运动是在一定条件严格约束下理想化的运动。为什么要建立自由落体运动模型？

自由落体是指常规物体只在重力的作用下，初速度为零的运动，是一种理想状态下的物理模型。考虑实际的落体运动过程，下落的物体会受到各种因素的影响，如重力、空气阻力等，其中影响最大的是重力。在实际情况中以自由下落的小球为例，万有引力公式证明，重力的大小会随着小球下落过程中与地面的距离变化而产生变化，如果我们不将下落的小球视为质点进行理想化模型分析，那么力的分析就不再是简单的质量与重力加速度的乘积，其中涉及的物理量非常复杂多样。而对空气阻力的分析则更加复杂，它的数值不仅受到小球体积的影响，还受其他因素的影响，例如形状、某一时刻的速度等，都是能左右其大小的因素，因此分析起来非常烦琐。此外，像地球自转、风速、地磁场等的干扰因素，也会对小球的自由落体运动规律分析产生影响。这些数不清的变量的存在，使问题的解决变得十分困难。如果我们不建立理想化物理模型，那么物

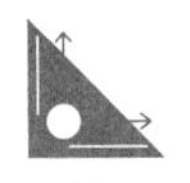



体的落体过程将会变得烦琐而复杂，对于它的研究将会变得无从下手。

在实际的学习和问题探究中，我们想要研究的重点是重力加速度，就像伽利略对自由落体运动的研究一样。如果过于关注繁杂的次要因素，既不能解决问题，也没有必要。因此，我们选择建立理想化的物理模型，在恒定重力，忽略空气阻力、物体的形状和大小、地球自转等次要因素影响的情境下，完成对下落物体的理想化建构。假设物体下落时只受重力的作用，物体的下落运动就是自由落体运动。其实，不仅是自由落体运动，大到研究地球的公转规律也是如此。地球半径相较于地日之间的距离可以忽略不计，地球上的各种活动相对于地球公转也同样可以被忽略，那么，此时我们便将地球视作质点处理，建立这样的物理模型，方便我们找到许多地球绕太阳公转的规律。

那么，自由落体运动有什么特点？满足什么规律呢？

要了解自由落体运动模型，先来了解一下匀变速直线运动这一运动形式。大家知道，描述物体运动快慢的物理量是速度，描述速度变化快慢的物理量是加速度。按照直线运动过程加速度是否变化，可将物体的运动形式分类为匀速直线运动和变速直线运动。其中，直线运动的物体，如果在相等的时间内速度的变化相等，这种运动就叫作匀变速直线运动。也可定义为：沿着一条直线，且加速度不变的运动，叫作匀变速直线运动。如果物体的速度随着时间均匀减小，这个运动叫作匀减速直线运动。如果物体的速度随着时间均匀增加，这个运动叫作匀加速直线运动。

物体做匀变速直线运动须同时符合两个条件：①受恒外力

作用；②合外力与初速度在同一直线上。

匀变速直线运动的运动规律包括：

速度公式：$v_t=v_0+at$，

位移公式：$x=v_0t+\frac{1}{2}at^2$，

位移—速度公式：$2ax=v_t^2-v_0^2$。

其中，$a$为加速度，$v_0$为初速度，$v_t$为$t$秒时的速度，$x$为$t$秒时的位移。

从自由落体运动的定义出发，显然自由落体运动是初速度为零的直线运动。因为下落物体只受重力的作用，而对于每一个物体它所受的重力在地面附近是恒定不变的，因此，它在下落过程中的加速度也是保持恒定的。而且，对不同的物体在同一个地点下落时的加速度也是相同的。关于这一点，各种实验都可以证明，如中学教材中的打点计时器实验等。所以，自由落体运动是物体只在重力作用下从静止开始竖直下落的运动，属于匀变速直线运动，而且是初速度为零的、竖直向下的匀加速直线运动。要掌握自由落体运动的特点和规律，只需要把匀变速直线运动的规律迁移到解决自由落体运动问题中，但要注意物理量的对应。

先来看自由落体运动的加速度。在同一地点，一切物体在自由落体运动中加速度都相同。这个加速度叫自由落体加速度。因为这个加速度是在重力作用下产生的，所以自由落体加速度也叫作重力加速度，通常不用“$a$”表示，而用符号“$g$”来表示重力加速度。关于重力加速度的大小，我们知道在不同的地点重力加速度一般是不一样的。如：广州的重力加速度是9.788 m/s$^2$，杭州是9.793 m/s$^2$，上海是9.794 m/s$^2$，华盛顿是9.801 m/s$^2$，北京是9.801 m/s$^2$，巴黎是9.809 m/s$^2$，莫斯科是

9.816 $m/s^2$。由此可见，重力加速度$g$随纬度的增加而增大。即使在同一地理位置，在不同的高度处重力加速度的值也是不一样的。如在北京海拔4 km时重力加速度是9.789 $m/s^2$，海拔8 km时是9.777 $m/s^2$，海拔12 km时是9.765 $m/s^2$，海拔20 km时是9.740 $m/s^2$，由此可见，重力加速度$g$随高度的增加而减小。尽管在地球上不同的地点和不同的高度重力加速度的值一般都不相同，但从以上数据不难看出在精度要求不高的情况下可以近似地认为在地面附近的重力加速度的值为$g$=9.8 $m/s^2$。在粗略的计算中有时也可以近似为$g$=10 $m/s^2$。重力加速度的方向总是竖直向下的。

既然自由落体运动是初速度为零的竖直向下的匀加速直线运动。那么，匀变速直线运动的规律在自由落体运动中都是适用的。对于自由落体运动来说：初速度$v_0=0$，加速度$a=g$。因为自由落体运动都在竖直方向运动，所以物体的位移$x$改作下落高度$h$表示。那么，自由落体运动的规律就可以用以下四个公式概括：

速度公式：$v_t=gt$，

位移公式：$h=\dfrac{1}{2}gt^2$，

位移—速度公式：$v_t^2=2gh$。

需要说明的是，自由落体是一种理想状态下的物理模型，属于匀加速直线运动。自由落体的速度与时间$t$成正比，随着下落时间的增加，下落速度逐渐加快，直到与地面相碰为止。然而在有阻力的介质中运动时，例如降落伞和炸弹从飞机上降落时，空气阻力会限制它们速度的增长，使其存在一个极限速度。

介质的阻力决定于介质的物理性质、物体运动的速度以及物体的形状和尺寸。如果物体的尺寸很小，速度也很小，则可设阻力与速度成正比，这个定律对极缓慢的运动是足够准确的。但在物体尺寸和运动速度很大的范围内，可认为阻力与速度的平方成正比，现代流体力学的理论和实验都证明了这个定律。如果运动的速度接近声速，则阻力的增大比速度的平方还快。如果速度再增加，阻力变化的规律就更为复杂。与阻力有关的数据须通过实验及理论计算得到。

通常在空气中，随着自由落体的运动速度的增加，空气对落体的阻力也逐渐增加。讨论下落物体在地球重力和介质阻力作用下竖直下落的最大速度问题，根据牛顿定律可知，当物体受到的重力等于它所受到的阻力时，落体将匀速降落，此时它所达到的最高速度称为终端速度或极限速度。

## 2.5 抛体模型

从地上某点向空中抛出一个物体，它在空中的运动就叫作抛体运动。抛体运动是存在于自然界很普遍的一种运动形式，例如投出的铅球、射出的枪弹和炮弹以及飞机的炸弹都做抛体运动。

在欧洲中世纪人们的观念里，抛体运动的轨迹由三部分组成（图2-16）：初始一段直线，中间一段圆弧，最后一段垂直下落。

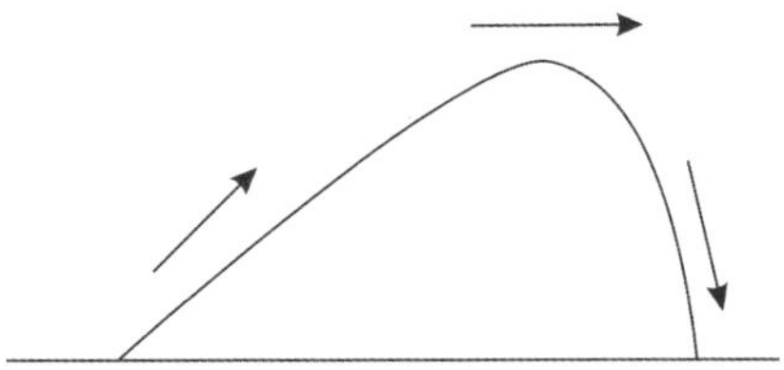

图2-16 欧洲中世纪人们认为的抛体运动轨迹

伽利略是第一个对抛体运动进行定量研究的科学家。他在《关于两门新科学的对话》中讨论平抛运动时，明确地提出了

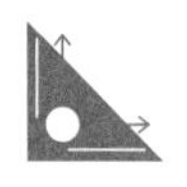



两个相互独立的运动的合成原理。这是现在力学中分析复杂运动时要利用的一条基本原理。他指出，用一个水平速度抛出的物体，其运动是由两个互不干涉的运动合成的：一个是水平的匀速直线运动，另一个是竖直方向的落体运动，其合成运动的轨道是一支抛物线的半支。如图2-17所示，质点在$b$点以一定的水平速度被抛出，$bc$，$cd$，$de$…表示水平匀速运动在相等时间间隔内经过的距离是相等的；$ci$，$df$，$eh$…为在与$bc$，$bd$，$be$…相应的时间内物体在竖直方向下落的高度，它们按与时间的平方成正比的规律增加。这两个运动合成的结果，质点将在连续的各时刻依次经过$i$，$f$，$h$等点。这些点的连线正是一支抛物线的半支，轨迹的这种形状是和实际的观察完全相符的。

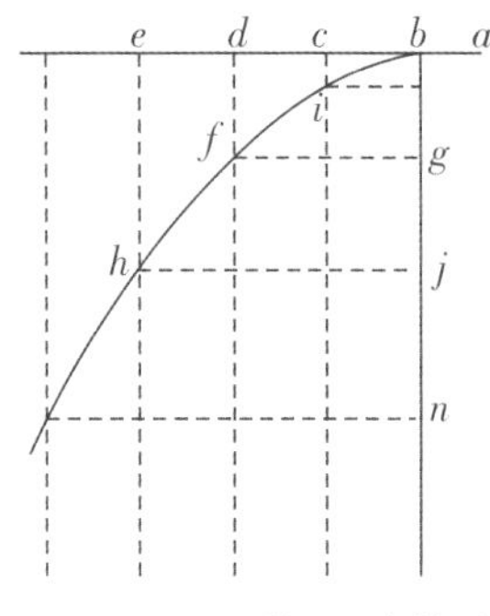

图2-17　平抛运动轨迹

伽利略不但求出了两个运动的合运动的轨迹，而且指出了求合运动的速度的规则：一个抛射体在抛物线上任何一点的速度的平方等于两个分运动在该点的速度的平方之和。

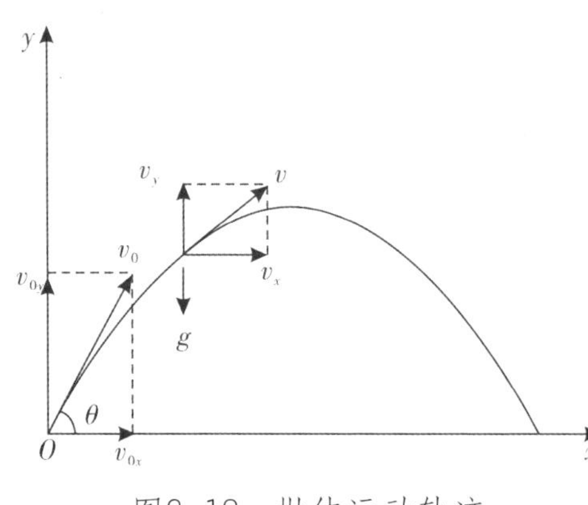

图2-18　抛体运动轨迹

将上述模型用现代的数学语言来描述时，我们选抛出点为坐标原点，而沿水平方向和竖直向上的方向分别引$x$轴和$y$轴，如图2-18所示。从抛出时刻开始计时，则$t=0$时，物体的初始位置在原点，以$v_0$表示物体的初速度，以 $\theta$ 表示抛出角，即初速度与$x$轴的夹角，则物体的初速度和初位置分别为：

$$v_{0x}=v_0\cos\theta,\quad v_{0y}=v_0\sin\theta$$

$$x_0=0,\quad y_0=0$$

物体在空中的加速度为：

$$a_x=0,\quad a_y=-g$$

其中负号表示加速度的方向与$y$轴的方向相反。

利用这些条件，可以得出物体在空中任意时刻的速度为：

$$v_x=v_0\cos\theta$$

$$v_y=v_0\sin\theta-gt$$

那么物体在空中任意时刻的位置为:

$$x=(v_0\cos\theta)t$$

$$y=(v_0\sin\theta)t-\frac{1}{2}gt^2$$

由上面两式中消去$t$，可得抛体的轨道函数为

$$y=x\tan\theta-\frac{1}{2}\frac{gx^2}{v_0^2\cos^2\theta}$$

对于一定的$v_0$和 $\theta$，这一函数表示一条通过原点的二次曲线。这曲线在数学上叫“抛物线”。根据 $\theta$ 不同，抛体运动可以划分为不同的抛体运动。

（1）平抛运动。

平抛运动是抛体运动中 $\theta=0$的一种特殊情况，则初始条件为：

$$v_{0x}=v_0,\quad v_{0y}=0,\quad x_0=0,\quad y_0=0$$

物体在空中任意时刻的速度为：

$$v_x=v_0,\quad v_y=-gt$$

物体在空中任意时刻的位置为：

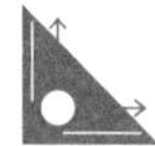



$$x=v_0t,\ y=-\frac{1}{2}gt^2$$

（2）竖直上抛运动。

竖直上抛运动是抛体运动中 $\theta=90°$ 的情况，则初始条件为：

$$v_{0x}=0,\ v_{0y}=v_0,\ x_0=0,\ y_0=0$$

物体在空中任意时刻的速度为：

$$v_x=0,\ v_y=v_0-gt$$

物体在空中任意时刻的位置为：

$$x=0,\ y=v_0t-\frac{1}{2}gt^2$$

（3）竖直下抛运动。

竖直下抛运动是抛体运动中 $\theta=-90°$ 的一种特殊情况，则初始条件为：

$$v_{0x}=0,\ v_{0y}=-v_0,\ x_0=0,\ y_0=0$$

物体在空中任意时刻的速度为：

$$v_x=0,\ v_y=-v_0-gt$$

物体在空中任意时刻的位置为：

$$x=0,\ y=-v_0t-\frac{1}{2}gt^2$$

应该指出，前面的讨论抛体模型都没有考虑空气阻力的影响，所得的结论只有在阻力极小时才基本符合实际。实际上，抛体在空气中运动会受到阻力的作用，阻力的大小与物体本身的形状、物体的速率及空气的密度有关。例如，子弹和炮弹的抛体运动，由于受到空气阻力影响，其轨道不是抛物线，而是所谓“弹道曲线”，弹道曲线的升弧和降弧不再是对称的，如图2–19所示。

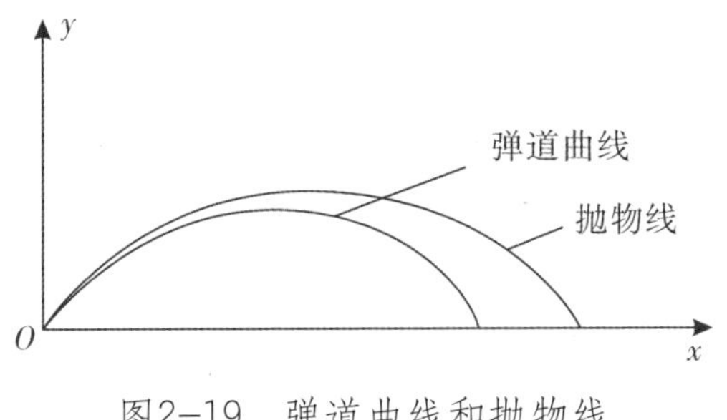


图2-19　弹道曲线和抛物线

从伽利略到现代科学家，抛体运动的研究不断发展，为我们理解自然界提供了重要工具。抛体模型在多个领域中具有广泛的应用，例如在航天工程方面，抛体模型的原理适用于火箭发射、轨道设计等；在体育方面，抛体模型被教练用来分析篮球、高尔夫球等的飞行轨迹，从而帮助运动员调整投篮或击球姿势；在艺术和设计方面，抛体模型被艺术家和设计师用于创建独特的视觉效果，如烟花、水流和飞溅效果等。抛体模型在众多领域的实际应用中发挥着关键作用，对人们的生活和科技进步产生了深远影响。

## 2.6　椭圆（圆周）运动模型

椭圆（圆周）运动模型是描述天体运动的一种重要工具。古希腊天文学和数学的发展是相互促进的。天文学家和数学家都坚信宇宙是完美的、对称的。毕达哥拉斯曾说：一切平面图形中最美的是圆。天文学家们也坚信宇宙天体的运动轨道是匀速圆周运动，因为这是最美的轨道模型。

宇宙中真实的天体结构和运动过程是十分复杂且多变的，它们本身就存在着多方面的特征以及各式各样的“矛盾”。我

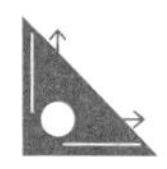



们在探究其属性时，往往会受到各类因素的限制和干扰，从而导致结论出现偏差。但是，如果我们在研究中，刻意把研究对象（天体）规定在一定的范围与条件之下，选择忽略或者弱化次要特征，仅保留那些对“结论”探知起决定性作用的主要特征，那么许多困难与不足就迎刃而解了。比如我国正在进行的探月工程，是高新技术领域的一次重大科技活动，在探月工程中飞行器成功变轨至关重要。如图2-20所示，假设月球半径为$R$，月球表面的重力加速度为$g_0$，飞行器在距月球表面高度为$3R$的圆形轨道Ⅰ运动，到达轨道的$A$点，点火变轨进入椭圆轨道Ⅱ，到达轨道的近月点$B$再次点火进入近月轨道Ⅲ绕月球做圆周运动。这其中就用到了椭圆运动和圆周运动模型。

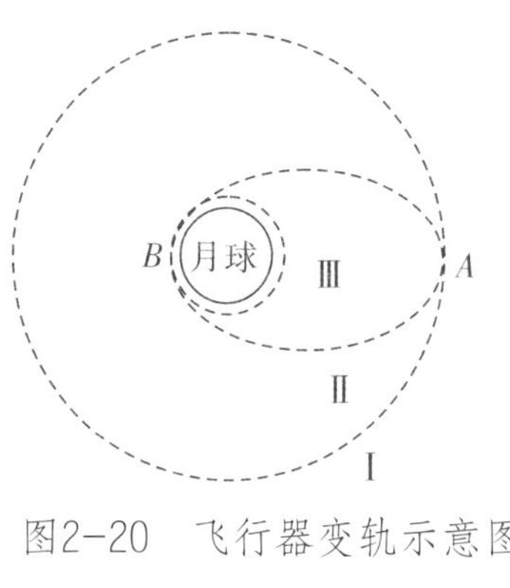

图2-20　飞行器变轨示意图

天体的实际运行轨道大多是椭圆轨道，圆形轨道只是理想的状态，只有两个物体在不受其他物体的引力干扰时才可能出现。圆形轨道在现实世界中不存在，就好比纯粹的匀速运动一样，在现实中也并不存在，它们都只是理想化假设模型。比如，月球除了受到地球的引力，还受到太阳的引力，在两者合力的作用下，月球绕地球是椭圆运动形式。因为距离的原因，地球与月球之间的引力远远大于太阳与月球的引力，所以月球绕着地球转。假如太阳对月球的引力大于地球的引力，那么月球就会偏离地球去围绕太阳转了，就像地球一样成了一颗行星。

牛顿在其《自然哲学的数学原理》一书中，运用欧几里得几何学的知识体系并结合万有引力定律，给我们建构起一个平面圆周或椭圆宇宙运动模型。运用牛顿天体运动模型方法分析天体或者人造卫星的运动规律时，需要基本假设或前提条件：①运动受两个天体之间万有引力的作用；②运动方向和中心天体的连线垂直；③运动速度等于匀速圆周运动的速度。

马赫对牛顿力学规律就提出了许多质疑，他认为物体的质量来自宇宙全部物体的作用，提出了引力质量与惯性质量等效原理。爱因斯坦认为马赫的思想是符合相对论的，他在吸纳牛顿宇宙模型、马赫思想以及在相对论理论基础上，提出了引力宇宙模型，这个宇宙模型是建立在非欧几何–黎曼几何理论基础之上的。爱因斯坦的引力宇宙模型是闭合的、具有空间核心的、界面是有限而无边的。而牛顿的宇宙运动模型是建立在欧几里得几何理论基础之上，天体的运动规律分析建构在平面的圆形或椭圆形轨道基础之上。

关于天体运行的理论，历史上人们的认识有很大飞跃。从古天文学的地心说，认为地球是宇宙的中心，静止不动，太阳、月球等星球都是绕地球运行。地心说经亚里士多德完善，公元2世纪由古希腊天文学家托勒密进一步发展、正式建立，后被教会为维护其统治而长期利用。公元16世纪哥白尼提出的日心说，有力地打破了地心说，实现了天文学的根本变革。日心说也称为地动说，认为地球是球形的（如果在船桅顶放一个光源，当船驶离海岸时，岸上的人们会看见亮光逐渐降低，直至消失，由此可证明），而且地球在运动，24小时自转一周；太阳是宇宙的中心，而不是地球，其他行星包括地球，都是围绕太阳做圆周运动的。

但是日心说与地心说的斗争仍在进行着。日心说最初存

在着形式缺陷，首先是采用了圆周运动而导致了行星运动的不规则性；其次是没能提出令人信服的论证从而使人们更容易地去认识天体运动。如果要使哥白尼的理论成为主导，就必须有更充实丰富的理论支持。因此寻找天体运行规律就显得尤为重要。丹麦天文学家第谷用自制的仪器对天体运动进行了30年之久的精密观测，积累了大量的实验资料。非常可惜的是直到他离开人世时仍未得出具体的规律表述。1601年第谷在临终时，将全部资料分享给了他的助手开普勒。开普勒认真分析了第谷的这些观察资料，并且进一步去学习了更多丰富的数学知识。经过9年的努力，通过对这些资料的分析、计算和统计，开普勒于1609年终于发现了行星运动的两个重要定律，即开普勒第一定律和开普勒第二定律，并出版了《新天文学》一书。又于1619年出版了《宇宙的和谐》一书，在书中介绍了第三定律。随后，牛顿用他的力学方法证明了开普勒三定律，日心说渐渐兴盛起来。

（1）开普勒第一定律（轨道定律）：所有行星绕太阳运动的轨道都是椭圆，太阳处在椭圆的一个焦点上。

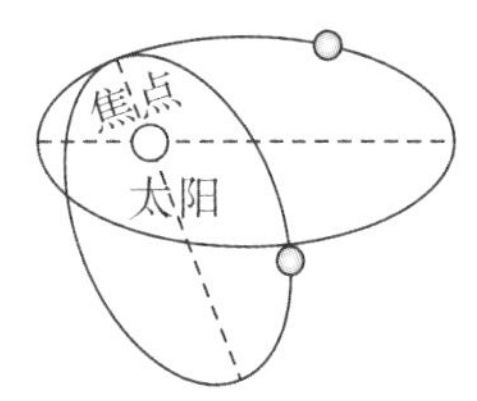


图2-21　开普勒第一定律示意图

开普勒第一定律告诉我们：行星绕太阳的运动不是最完美、最和谐的匀速圆周运动，而是轨道是椭圆的运动，太阳不在椭圆的中心，而是在其中的一个焦点上，行星与太阳之间的距离是不断变化的，如图2-21所示。

（2）开普勒第二定律（面积定律）：对任意一个行星来说，它与太阳的连线在相等的时间内扫过的面积相等，如图2-22所示。

开普勒第二定律告诉我们：行星的运动不是匀速运动，运行的速度与离太阳的距离有关，当行星离太阳较近时运行的速度较大，而离太阳较远时速度较小。

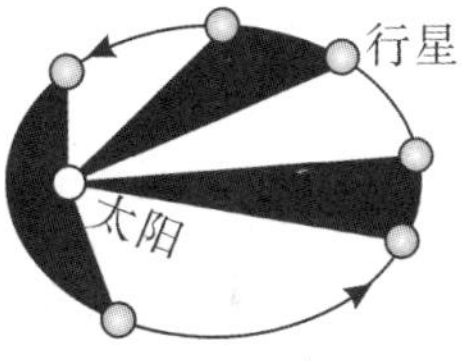

图2-22 开普勒第二定律示意图

（3）开普勒第三定律（周期定律）：所有行星轨道的半长轴的三次方跟它的公转周期的二次方之比是一常量。

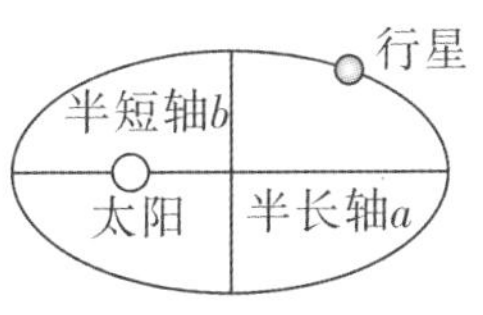


图2-23 开普勒第三定律示意图

若用$a$代表椭圆轨道的半长轴（图2-23），$T$代表公转周期，则$\frac{a^3}{T^2}=k$。其中的$k$只与中心天体有关，与围绕其运动的行星无任何关系，简言之，围绕同一天体运行的行星所计算出来的$k$相等。由这一定律不难导出：行星与太阳之间的引力与半径的平方成反比，这是牛顿的万有引力定律的一个重要基础。

开普勒行星运动定律不仅适用于行星绕太阳的运动，也适用于其他天体的运动。对于不同的中心天体，比例式$\frac{a^3}{T^2}=k$中的$k$值是不同的，但如果两个中心天体的质量相同，则比值$k$是相同的。

在真实的宇宙中，想要找到质量完全相等的两个天体很难。当然，在中学物理习题中，我们完全可以随意创造出两个质量相等的中心天体。即如果中心天体$A$和中心天体$B$的质量相等，则围绕中心天体$A$运动的卫星和围绕中心天体$B$运动的卫星是可以用开普勒第三定律来进行计算的。

开普勒的三条行星运动定律改变了整个天文学，彻底摧毁了托勒密复杂的宇宙体系，完善并简化了哥白尼的日心说。开普勒因为行星运动三大定律，成为天体物理学的奠基人。

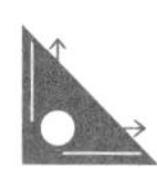



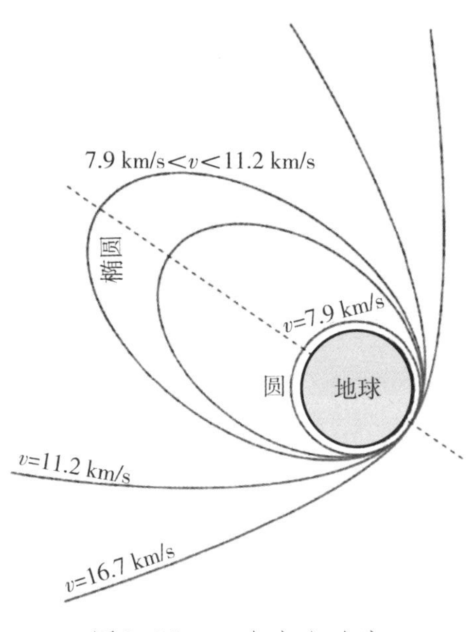


图2-24　三个宇宙速度

通过对万有引力知识的学习，我们知道发射卫星的最小速度又称第一宇宙速度，速度大小为7.9 km/s，此时卫星以最大速度绕地球表面做圆周运动，如图2-24所示。当发射速度达到第二宇宙速度（11.2 km/s）时，卫星以地球球心为焦点做抛物线运动，当然再也不可能返回地球，因为抛物线为非闭合曲线。当发射速度介于第一宇宙速度和第二宇宙速度之间时，卫星做椭圆运动，并随发射速度的增大，椭圆变得越扁，地球为椭圆的一个焦点，发射点为近地点。当卫星速度大于第二宇宙速度而小于第三宇宙速度（16.7 km/s）时，它将在地球引力范围内做双曲线运动。当卫星脱离地球引力后，将绕太阳运动，成为太阳的一个行星。如果控制发射速度和轨道，它也可以成为其他行星的卫星。当发射速度大于第三宇宙速度时，卫星将脱离太阳系的束缚向其他星系运动。对于圆轨道，由于卫星受到的万有引力刚好提供卫星运动的向心力，因此可方便地求得卫星在圆轨道上运行的速度、加速度、周期等物理量。但对于椭圆轨道来说，求解某些问题则有一定的困难。

# 3 电磁学中的典型物理模型

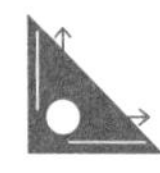



## 3.1 电场模型

自然界只存在两种电荷，而且同种电荷互相排斥，异种电荷互相吸引。那么，两个并不直接接触的电荷间的相互作用力是怎样发生的呢？历史上对此有过两种不同的观点。

在法拉第之前，人们认为两个电荷之间的相互作用力和两个质点之间的万有引力一样，都是一种超距作用。超距作用的观点认为：电荷之间的相互作用不需要介质，也不需要时间。即一个电荷对另一个电荷的作用力是隔着一定空间直接给予的，不需要通过什么中间媒质传递，这种作用方式可表示为：

电荷→电荷

在19世纪30年代，法拉第首次发现了电极化和磁化现象，并提出了场论的观点。他认为：一个电荷周围存在着由它所产生的电场，另外的电荷受到的这一电荷的作用力就是通过这个“场”传递的。而且作用力的传递不是瞬间的，它需要时间，这种近距作用方式可表示为：

电荷→电场→电荷

现在我们知道，场是物质存在的一种形式，它与实物一样具有质量、能量和动量。下面我们对法拉第提出“场”模型的历史进行回顾。

中国和西方在古代都对雷电和磁现象有过朴素的科学探索，但电学与磁学的研究长期缓慢而没有什么突破。直到1820年丹麦物理学家奥斯特意外地发现了电流磁效应现象。奥斯特做了许多次实验，发现磁针在电流周围都会发生偏转，在导线的上方和下方，磁针偏转方向相反，在导体和磁针之间放置非磁性物质，比如木头、玻璃、水、松香等，不会影响磁针的偏转。1820年7月21日，奥斯特写成《论磁针的电流撞击实验》的论文，但是奥斯特还是采用了牛顿力学体系来研究和解释电磁效应现象。

在电磁学发展的最初10年间，除了奥斯特，法国和德国的科学家对电磁学的发展做出了突出贡献。英国只有法拉第在1821年发现的电磁旋转现象引起物理学界的关注。

1831年8月，法拉第将一根直径为22 mm的软铁打制成外径为152 mm的环（图3-1）。在环的一边绕一组线圈，线圈两端短路，并在附近置一小磁针；在环的另一边也绕一线圈，两端接电池的两极。他在实验时发现，只在接通电源或断开电源的一瞬间，磁针被扰动了。他当时还不能做出解释，但认识到这是由电流引起的磁力冲动产生的效应，他称此为“电波引起的效应”。1831年10月，法拉第又做了一个实验设备（图3-2），将一个长203 mm、直径19 mm的空心纸筒，在其外围绕上8组线圈，将它们并联，接于一个电流计上。他把磁棒插入纸筒或从纸筒抽出瞬间，电流计指针受到扰动，而且指针转动方向与首先进入纸筒的极性有关，也与插入或抽出的方式有

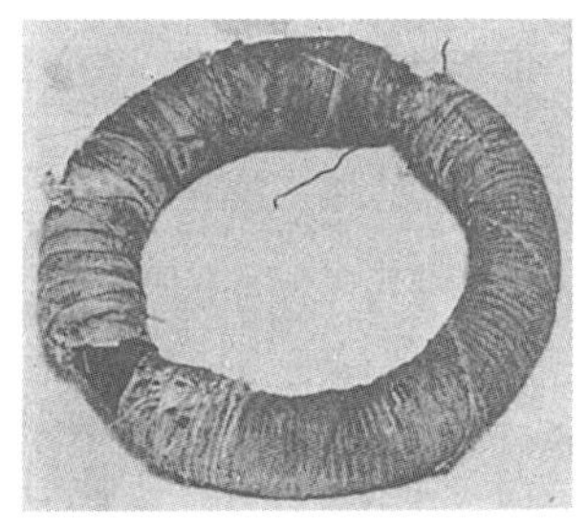

图3-1　法拉第做“伏打感应”所用的线圈

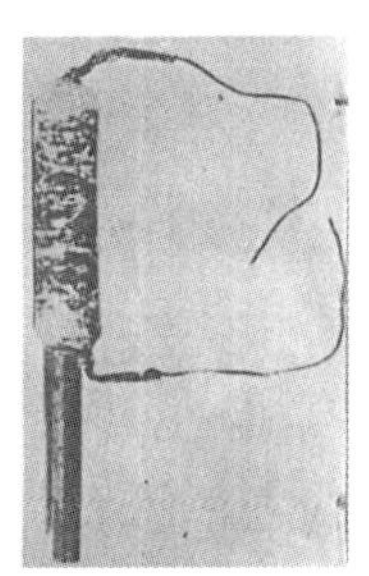

图3-2　法拉第做“磁感应”实验所用的螺线管和磁棒

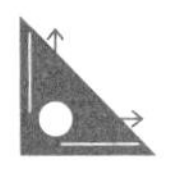



关，他把这一现象称为“磁感应”。法拉第认为运用牛顿力学是难以解释这两种实验现象的，因为牛顿力学认为两个物体之间力的作用是“超距”的，不需要时间，也不受空间的影响。1832年，法拉第在其实验日记中提到，感生电流的产生需要时间，从导线向四周发散的磁力线也是慢慢地向空间弥漫的。

1831年11月24日，法拉第在伦敦皇家学会宣读的论文中提出了“电致紧张状态”（electrotonic state）概念，他指出这是电流或磁体在空间产生的一种张力态，这种状态的产生、消失以及强弱变化，均能使处在这种状态中的导体产生电流。法拉第认为“电紧张态”是构成物体的微粒在电磁感应作用下的“紧张”，当粒子的这种“紧张”形成或释放时，就会有感应电流产生。[①]但是这种猜测无法得到实验的有力证实，于是法拉第不得不将这个理论暂时搁置。1831年12月9日，法拉第在日记中首次提出“磁曲线”这个术语。同日，他根据实验提出，只要磁曲线在同一方向被切割，磁体的位置就不会对感应电流的方向产生任何影响。1832年，法拉第发表在《哲学会刊》上的论文中提到，“所谓磁曲线，我指的是磁力线，无论被毗邻的磁极如何改变，都可以用铁屑清晰地描绘出来，或者对它们来说，一根非常小的小磁针构成一条切线”。这是法拉第第一次提出磁力线的概念。[②]

法拉第提出磁力线的概念的同时，还提出电力线、力线的概念。这些物理学概念的提出，不仅仅单纯依靠物理实验，更

① 宋牧襄. 法拉第场的概念和场论的起源及其历史地位[J]. 自然杂志，1991，14（9）：701-708.

② 王洛印，胡化凯，孙洪庆. 法拉第力线思想的形成过程[J]. 自然科学史研究，2009，28（2）：156-171.

多的是基于哲学思考。法拉第因为对后康德哲学有很深入的研究，所以他对古希腊的物质统一性思想有很深的认同，这一点与爱因斯坦非常相似。1833年，法拉第开始思考电的统一性。他认为电的热效应、磁效应、化学效应、生理效应、放电效应都是同源的。1837年，他又开始研究静电感应现象，对静电范畴的物质统一性做了深入的研究。

1832年3月26日，法拉第在其日记中首次提出了“电曲线”概念，他指出两个带相反电性的导体之间的力线或力的方向可以类比于“磁曲线”，而称之为“电曲线”。1855年，法拉第在《论磁哲学的一些观点》一文中提出力线实体性的四个标志：①物体可以改变力线在空间的分布；②力线的存在与物体无关；③力线具有传递力的能力；④力线的传播经历时间过程。1857年，法拉第在《论力的守恒》中第一次提出了重力线的概念。随着研究的深入，法拉第把热力线、光线、重力线、磁力线共同列入了力场的范围，指出力或场是独立于物体的另一种物质形态，物体的运动都是场作用的结果。这是法拉第“场”思想形成和完善的标志。

而坚持牛顿力学思想体系的物理学家很少利用力线和场的概念去解释一些物理现象，因为牛顿力学在谈论两个有物理距离的物体之间的引力作用时认为：一是引力的作用是瞬间发生的，是一种超距作用；二是两个物体同时存在时才会发生作用。但法拉第“场”的思想认为，物体间力的作用不仅需要时间，而且不管有没有另外物体出现，力场都是存在的，它们既不因物体的出现而产生，也不因物体的离去而消失，因此力是“守恒”的。也就是说，在法拉第所陈述的理论中，力线相对场源（磁棒或者电流）来说是可以运动的。在法拉第的“场”

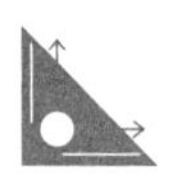



中，力线不是固定在场源物质上的。如果我们把场源看作是一只湖上的小船，那么它的力线就犹如湖上的水波，在“场”中，力的传递就像水波行进那样，具有一定的速度，同时还需要一定的时间。法拉第的实验与理论贡献使牛顿力学体系受到一次有力的批判，极大地改变了那个时代的物理思维定式，是一次科学革命。

当时，法拉第虽然把“场”和“力线”的概念提出来了，但是并没有给予严格的概念界定，也没有给出严谨的数学公式推理，像空间各类力线是怎样相互作用的，光与引力的关系怎样，法拉第也没有给出解决的答案。科学的发展是一种永恒的事业，在质疑声中，麦克斯韦等一批物理学家摆脱了物理分析首先要建立物体的实体模型的方法论，而是从场的模型去分析物理问题的新方法论，让物理与数学更加紧密地联系在一起。

这样，用数学语言表述法拉第的物理思想，建立完整的电磁场理论的光荣任务，历史性地落到了数学家、物理学家麦克斯韦的肩上。一次偶然的机会，麦克斯韦在图书馆读到了法拉第的《电学实验研究》，书中大胆的、不同凡响的思想极大地激发了麦克斯韦的想象力。1855年12月10日，麦克斯韦在剑桥大学宣读了他的第一篇论文《论法拉第力线》。在文中他写道：“我并不企图在自己没有做过什么实验的领域里建立物理学理论，我不过是想利用法拉第的力线思想，把法拉第所发现的种种迥然不同的现象之间的内在联系，清楚地表达出来，展现在数学家和物理学家面前。”麦克斯韦主要从以下两个方面做起：一是在弄清物理概念之后，建立一个物理模型以便类比和借鉴；二是用数学工具绘出精确的数量关系。比如，麦克斯韦把法拉第充满力线的场比作一种假想的流场。采用这样的模型，既有利于想象和思考，又可以借用流体力学的所有成果。在这种思想的指导下，法拉第对电流周围的磁力线所作的物理描述，被麦克斯韦概括为一个矢量微分方程。从此以后，法拉第的物理直觉能力和麦克斯韦的数学分析技巧便融为一体。经过两人的共同努力，又经历了德国青年物理学家赫兹的研究证实，场论最终建立起来。至此，电磁场论成型并逐步完善。

以场的形式存在的物质也是多种多样的，例如地球对其表面附近物体有引力，因此地球周围空间存在着引力场，也可称为重力场；磁体或通电导线周围存在可以对铁磁性物质产生作用的磁场；等等。需要补充一点，某些物理场是一些实实在在的物质，某些则不是，比如温度场、速度场等，都不是描述实实在在的物质的场。但是电场和磁场则不同，它们是客观存在的物质，有动量也有能量。法拉第提出了“电荷的周围存在着由它产生的电场”这一观点后，物理学理论和实验不仅证实了法拉第的这一观点，还证明了电场就是电荷或带电体及变化磁场周围空间里存在的一种特殊物质。

这种物质与通常的实物不同，它虽然不是由分子、原子所构成的，既看不见又摸不着，但它却是客观存在的特殊物质，具有通常物质所具有的客观属性，如力学属性及能量属性。电场的力学属性表现为：电场对放入其中的电荷有作用力，这种力称为电场力。为了定量描述电场力学性质而引入的物理量叫作电场强度（简称“场强”）。电场的能量属性表现为：当电荷在电场中移动时，电场力可对电荷做功，说明电场具有能量。为了形象地描述电场中各点场强的大小和方向，法拉第还引入了电力线（现常称为“电场线”）的概念。电场线是为了形象地描绘电场分布而画出的假想曲线，曲线上各点的切线方向为该

点的场强方向，曲线分布的疏密程度表示这一区域场强的大小，电场线密集的地方场强大，反之，电场线稀疏的地方场强小。

需要注意的是，电场线不是电荷运动的轨迹，也不是客观存在的线。在特殊条件下，带电粒子的运动轨迹可以与电场线重合。

实际解决物理问题过程中，常用到两种不同的电场：库仑电场和感生电场（又称“感应电场”）。

库仑电场是电荷按库仑定律激发的电场，例如，由静止的电荷按库仑定律在其周围空间激发的静电场就属于库仑电场，在各种带电体周围都可以发现这种电场，产生电场的静止电荷称为场源电荷。静电场的电场线不闭合，也不相交，起始于正电荷或无穷远，终止于无穷远或负电荷。静电场的电场线方向和场源电荷有着密切的关系。当场源电荷为正电荷时，该电场的电场线呈发散状；当场源电荷为负电荷时，该电场的电场线呈收敛状。电场力移动电荷做功具有与路径无关的特点，说明静电场也属于保守场，这与重力场一样。

随时间变化的磁场在其周围空间激发的电场称为感生电场。按麦克斯韦理论，变化的磁场在其周围激发了电场。例如条形磁铁插入线圈时，运动的磁铁使线圈周围的磁场发生变化，进而产生涡旋电场，涡旋电场使线圈中产生感应电动势，这种电场就是感生电场。感生电场的电场线是闭合的，没有起点、终点。闭合的电场线包围变化的磁场。普遍意义的电场则是库仑电场和感生电场两者的叠加。

电场是一个矢量场，某点场强的方向规定为该点正电荷的受力方向，而负电荷受力方向与电场方向则相反。这一定义不仅适用于电荷激发的静电场，也同样适用于变化磁场激发的涡旋电场。

有了电场这一物理模型，就可以灵活地处理真空、导体或者电介质（电场中的绝缘物质）中的各种电学问题了。例如，如果带电粒子的重力可以忽略，则粒子在匀强电场中只受电场力的作用，将做匀变速运动；如果带电粒子的重力不可忽略，则粒子在重力和电场力这两个恒力作用下可能处于平衡状态（重力与电场力平衡），也可能做匀变速运动。对于电介质来说，由于电场力的作用在原子尺度上出现了等效的束缚电荷，这种现象称为电介质的极化。空间中存在电介质时的静电场是由束缚电荷及自由电荷共同产生的。对一种绝缘材料，当电场强度超过某一数值时，束缚电荷被迫流动将造成电介质被击穿而失去其绝缘性能。因此静电场的大小对电工器件的设计及材料选择十分重要。

根据麦克斯韦的电磁理论，随时间变化的电场产生磁场，随时间变化的磁场产生电场，两者互为因果，形成电磁场。电磁场是有内在联系、相互依存的电场和磁场的统一体和总称。电磁场是电磁相互作用的媒递物，以波动形式在空间传播，即电磁波。电磁波以有限的速度传播，具有可交换的能量和动量；电磁波与实物的相互作用，电磁波与粒子的相互转化等，都证明电磁场是客观存在的物质，它的特殊之处只在于没有静质量。而电磁能作为能量的一种形式，是当今世界最重要的能源，其研究领域涉及电磁能产生、存储、变换和传输等诸多方面。电磁场与电磁波的应用极大地推动了人类文明的进程。

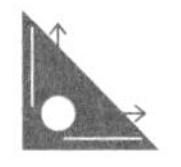



## 3.2 磁场模型

磁现象是最早被人类认识的物理现象之一。磁场是广泛存在的：地球等行星及其卫星、恒星（如太阳）、星系（如银河系），以及星际空间和星系际空间，都存在着磁场。在古今社会里，很多对世界文明有重大贡献的发明都涉及磁场的应用，发电机、电动机、变压器、电报、电话、收音机、加速器、热核聚变装置、电磁测量仪表等无不与磁场有关。甚至在人体内，伴随着生命活动，一些组织和器官内也会产生微弱的磁场。

公元前600年左右，古希腊人发现了磁石吸铁的现象；公元前300年左右，我国古书《吕氏春秋》上也有“磁石召铁”的记载；公元前250年左右，在《韩非子·有度》中出现了有关古代指南器“司南”的记载；公元1世纪，东汉王充开始把顿牟掇芥的静电现象和磁石引针的静磁现象并列起来，指出了两者的共性；11世纪，北宋科学家沈括首次明确记载了指南针和发现地磁偏角；12世纪初，我国已将指南针用于航海。

人类最早发现的磁石是一种化学成分为四氧化三铁的天然铁矿石，也叫磁铁。早期认识的磁现象包括以下几个方面。

（1）天然磁铁（磁石）能吸引铁、钴、镍等物质。磁铁的这种性质称为磁性。

（2）磁铁两端吸铁能力最强。这两端磁性最强的区域叫作磁极（N极和S极）。磁铁的两个磁极，不可能分割成为独立存在的N极或S极。即无论把磁铁分得多小，每一个很小的磁铁仍具有N、S两极。自然界中，没有独立存在的N极或S极，但是有独立存在的正电荷和负电荷，这是磁极和电荷的基本区别。

（3）磁极之间有相互作用力。同性磁极互相排斥，异性磁极互相吸引，这种磁极间的相互作用力叫作磁力。

（4）某些本来不显磁性的物质，在接近或接触磁铁后，就具有了磁性，这种现象称为磁化。

虽然很早以前人类就已经知道磁石及其磁性，但相关的学术性论述最早是由法国学者德马立克等人写成的。德马立克于1269年的论述中，仔细标明了铁针在块型磁石附近各个位置的方向，从这些记号又描绘出很多条磁场线。他发现这些磁场线相会于磁石相反的两端，就好像地球的经线相会于南极与北极。因此，他称这两个位置为磁极。300多年后，英国的吉尔伯特提出主张说地球本身就是一个大磁石，其两个磁极分别位于地理南极与北极。地球能够产生自己的磁场，这在导航方面非常重要。吉尔伯特出版于1600年的巨著《论磁石》，开创了磁学作为一门正统科学的学术领域。1644年，笛卡尔在《自然哲学》中也对磁现象进行了描述。

历史上很长一段时期，人们都认为电现象和磁现象是两类现象，分别独立进行研究。1820年一系列的革命性发现，开启了现代磁学理论。

1820年4月，奥斯特在课堂上讲解电性和磁性时，尝试将小磁针放在导线的侧面，当他接通电流时，发现小磁针轻微地晃动了一下，如图3-3所示。奥斯特经过反复多次实验，终于查明了电流对小磁针的偏转作用，提出了电流的磁效应。奥斯特的发现与牛顿力学的基本原理是尖锐矛盾的。因为在牛顿力学里，自然界的力只能是作用在物体连心线上的吸引力或者排斥力，而奥斯特发现的是一种“旋转力”。奥斯特电流磁效应

的发现打破了物质电效应和磁效应无关的传统信条，打开了电磁联系这个长期被闭锁着的黑暗领域的大门，为物理学一个新的重大综合发现开辟了一条广阔的道路。

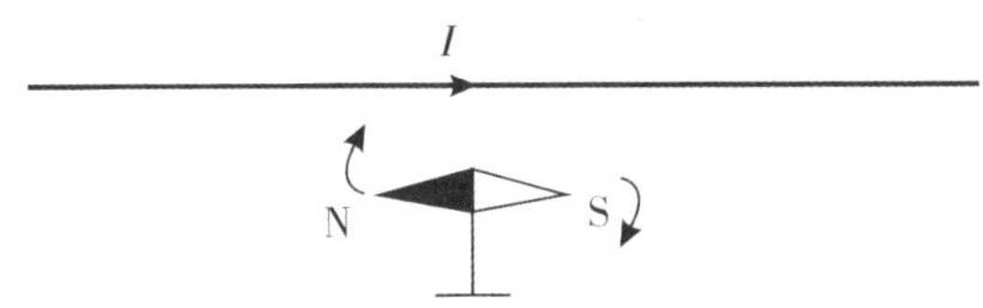


图3-3　通电导线使小磁针偏转

奥斯特的发现在欧洲物理学界引起了极大的关注，特别是法国物理学家的工作，将奥斯特的发现推进到了新的更高阶段。

1820年9月18日，安培向法国科学院提交了第一篇论文，提出了著名的确定磁针偏转方向的右手定则，同时提到磁铁类似于电流流过的线圈，并用实验证明这种线圈对磁铁有作用，之后又考察了线圈之间的相互作用。在发现圆电流的相互作用后，安培继续研究导线电流的相互作用。1820年9月25日，安培向法国科学院提交了第二篇论文，阐述了两平行载流导线之间的相互作用，指出电流方向相同时相互吸引，电流方向相反时相互排斥，如图3-4所示。1820年10月9日，在安培提交的报告中，总结出电流之间的吸引和排斥作用与静电作用有所不同。为了把一切磁的现象都归纳为电流间的相互作用，安培提出了著名的分子电流假说。假

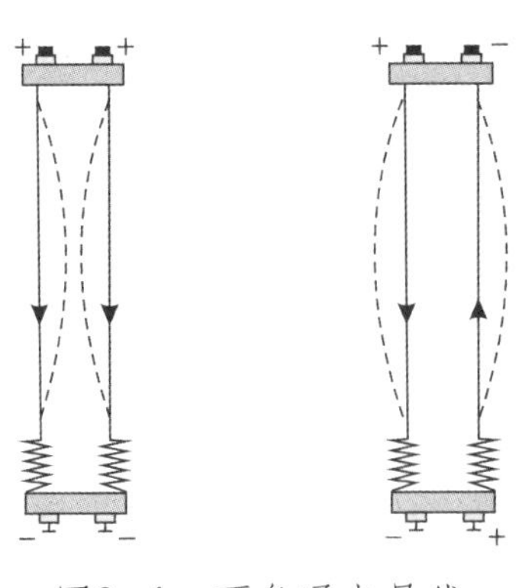


图3-4　两条通电导线之间发生相互作用

设在磁性物质内存在无数微小的“分子电流”，它们永不衰竭地沿着闭合路径流动，从而形成一个小磁体，以此作为物体宏观磁性的内在根据。

后来，为了定量研究电流之间的相互作用，把实验中发现的现象归纳为理论，安培设计了四个精巧的“示零实验”。第一个实验证明：当电流反向时它所产生的作用力也反向；第二个实验证明：电流元的作用具有矢量性，即许多电流元的合作用等于各个电流元所产生的作用的矢量和；第三个实验检验了两个互相垂直的电流元之间的相互作用，实验发现电流元上的电动力只存在于垂直电流元的方向上；第四个实验检验作用力与电流及距离的关系。安培在实验基础上进行数学推演，得出了电流之间相互作用力的公式——安培定律。

1820年10月30日，法国物理学家毕奥和萨伐尔共同报告了他们发现的直线电流对小磁针的作用定律，这个作用正比于电流强度，反比于它们之间的距离，作用力的方向则垂直于磁针与导线的连线。拉普拉斯则进一步假设了电流的作用可以看作各个电流元单独作用的总和，于是把这个定律表示为微分形式，这就是毕奥-萨伐尔定律。

1824年，法国物理学家泊松发展出一种能够描述磁场的物理模型。泊松认为磁性是由磁荷产生的，同类磁荷相排斥，异类磁荷相吸引。他的模型完全类比现代静电模型，磁荷产生磁场，就如同电荷产生电场一般。该理论甚至能够正确地预测储存于磁场的能量。同时，磁场强度这一术语也类比电场强度被提了出来，还有类似点电荷相互作用的磁库仑定律。即把永磁体与带电体相比较，假设磁极是由磁荷分布形成的。N极上的磁荷称为正磁荷，S极上的磁荷称为负磁荷。同性磁荷相斥，异性磁荷相吸。当磁极本身的线度比正、负磁极间的距离小很多时，磁极上的磁荷称为点磁荷。尽管泊松模型有其成功之处，但也有两点严重瑕疵。第一，磁荷并不存在。将磁铁切为两半，并不会造成两个分离的磁极，所得到的两个分离的磁铁，每一个都有自己的指南极和指北极。第二，该模型不能解释电场与磁场之间的奇异关系。

1831年8月29日，法拉第首次发现了电磁感应现象，并领悟了这种感应现象的暂态性，在实验的基础上总结出可以产生电流的情况分为以下几种：变化着的电流；变化着的磁场；运动的稳恒电流；运动的磁铁；在磁场中运动的导体。同时他把在导线中产生的电流叫作感应电流。1831年11月24日，他向英国皇家学会递交了一篇论文，并在论文中报告了他近期的实验，法拉第把实验中发现的现象叫作电磁感应。

1847年，威廉·汤姆孙论述了电磁现象和流体力学现象的类似性，在1851年发表的《磁的数学理论》著作中，给出了磁场的定义，并把磁场强度$H$与具有能量意义的$B$区别开来，还得到了$B=\mu H$的关系。1853年，他给出了静磁场能量密度公式，1856年，根据磁致旋光效应提出磁具有旋转的特性，为进一步借用流体力学中关于涡旋运动的理论打下了基础。所有这些工作为麦克斯韦建立电磁场理论提供了重要的启迪。

1855—1865年，麦克斯韦在全面系统地总结前人工作的基础上，大胆地提出了位移电流假说并建立了将电、磁、光现象全部统一起来的麦克斯韦方程组，创立了经典电磁理论。1888年，赫兹以无可辩驳的实验证实了电磁波的存在，并且其性质完全符合经典电磁理论的预言。由此，经典电磁理论的正确性被坚实地确立起来。

总之，磁场的研究历史经历了几千年的演变，从古代的观察和探索，到现代物理学的研究，磁场的理论和应用不仅深刻影响了科学领域，还在科技等众多领域产生了广泛的影响。

## 3.3 金属导电模型

虽然麦克斯韦在法拉第基础上完成了电磁场理论，开创了电的时代，但在相当长历史时期内，人们对物体是如何导电的问题并不是很清楚。直到电子的发现，为导电模型的建立提供了重要的依据，推动了导电理论的发展。

1897年，英国物理学家约翰·汤姆孙在对阴极射线管中的“射线”偏转情况进行实验分析时，发现这些所谓的“射线”与当时盛行的以太波说法并不相符，相反，约翰·汤姆孙认为它们更像是一种带负电的物质粒子。可在当时还没有人对原子不可再分的理论提出质疑，也没有人继续去探究这些比原子更小的微粒，因此，约翰·汤姆孙假定这是一种被电离的原子，即带负电的“离子”。一种新的物质的出现，让约翰·汤姆孙产生了浓厚的兴趣，他决定验证自己的假设，测量出这种“离子”的质量。通过利用带电粒子在电场和磁场的偏转运动和经典电磁学的推导公式，约翰·汤姆孙得到了“微粒”电荷与质量之比值。他发现，这个比值的大小比起电解质中氢离子的比值还要大得多，并且与气体本身的性质无关。这就说明，这种粒子的质量甚至比氢原子还要小得多，大约为氢原子的两千分之一。这样的一个发现，使约翰·汤姆孙大为震惊，但摆在面前的实验现象又无声地诉说着一个真相，原子并非最小的微粒，一个新的粒子——电子，出现在了物理学的视野中。

约翰·汤姆孙关于电子的发现，彻底结束了原子不可分的时代。现在我们知道，物质是由原子组成的，而原子的结构是由位于原子中心的原子核和核外电子组成的。原子核带正电，核外电子带负电，核外电子在原子核的束缚下绕原子核运转。

自19世纪末期发现电子以后，关于物质的电性结构理论，以及用此概念来解释物体的带电、静电感应、电介质极化机理等问题已日趋完善。利用金属中自由电子的运动来说明金属的导电性是德鲁德（Drude）在1900年提出的，后经洛仑兹进一步发展而形成金属的经典自由电子理论，这个理论也成为早期的金属导电模型。

（1）载流子。

经典自由电子理论首先要回答的问题是：金属导电时，电流的载运者（简称“载流子”）是什么？早在1900年末德鲁德就提出：金属的导电性可用金属中自由电子的运动来解释。由物质结构的电化学理论知道，在金属导体中，每个原子最外层的电子容易脱离原子，失掉了部分电子的原子被称为原子实，它是带正电的离子。在金属中，正离子按一定方式整齐地排列成晶格，组成晶格的原子实只在其平衡位置附近不断运动。

另外，20世纪初许多重要实验都证实，当金属中有电流通过时，金属的质量未发现改变，化学性质也没有任何变化，这些实验启示人们，对金属导电的机理可做如下假设：金属导体内的载流子不是正离子而是在晶格间自由运动的电子。这些电子脱离原子后，不再属于某一个原子而是为整个金属所共有。又因为它们在晶格之间能自由运动，因此又叫作自由电子。1916年托耳曼（Tolman）和斯蒂华德（Stewart）用实验证实金属中的载流子的确就是自由电子。

（2）电子气热运动的平均速度。

经典自由电子理论假设：金属中自由电子的运动严格遵守牛顿力学的规律，认为自由电子之间的相互作用可忽略，而且自由电子与金属中正离子的相互作用仅在它们之间发生相互碰撞时才给予考虑。换句话说，把金属中的自由电子看成是与单原子的理想气体非常相似的“电子气”。经典自由电子理论认为，这种电子气遵守理想气体的规律，依据气体分子的运动理论可导出自由电子热运动的平均速度。在常温下，自由电子热运动的平均速度大约为$1.2\times10^5$ m/s。

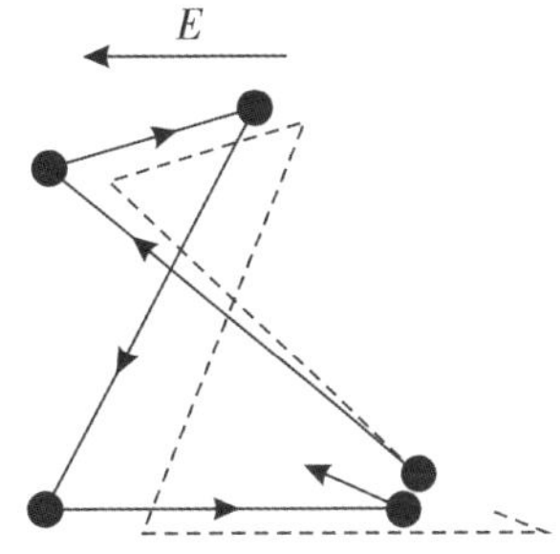

图3-5 自由电子的热运动（实线）与定向漂移运动（虚线）

虽然自由电子热运动的平均速度相当大，但因自由电子热运动的不规则性，自由电子朝各个方向运动的概率均相等，因此在金属内不能形成电流。如图3-5中的实线所示。

（3）自由电子的定向漂移速度。

当金属中加了外电场后，自由电子受外电场作用产生附加的定向速度，其方向与外电场方向相反，由于自由电子同时还存在热运动以及碰撞作用，因而运动轨迹是曲曲折折的，如图3-5的虚线所示。

存在外电场时，每个自由电子由于受到外电场力的作用，因而自由电子逆着外电场方向获得一个加速度。但是由于自由电子与晶格、杂质原子等不断发生碰撞，而且自由电子之间也相互碰撞，其定向速度不可能无限制地增大，结果近似做匀速运动。金属导体中的电流就是自由电子的定向漂移运动形成

的，自由电子的平均定向漂移速度约为$1\times10^{-4}$ m/s。

（4）电的传送速度。

由上文可知，自由电子平均定向漂移速度远小于自由电子的平均热运动速度。按照自由电子的平均定向漂移速度，一个电子通过一条1 m长的导体需要几个小时！

这里提出一个疑问，既然自由电子的平均定向漂移速度如此之小，那么为什么在距电灯很远的地方把电源开关一接通，电灯就立刻亮起来呢？其原因是：人们感觉到的“电的传送速度”不是自由电子的平均定向漂移速度，而是电场（说确切点是电磁波）的传播速度。由于电场的传播速度就是光速，数值为$3\times10^{8}$ m/s，电路（包括金属导线和电路元件）中，到处都有自由电子，在电源断开时，电路上各处没有电场，自由电子在就地做无规则热运动，然而一旦电源接通，电场即刻以光速迅速传播到电路上各处，位于电路上各处的电子都好像接到了电场传来的命令（即受到电场的作用），立即从当地出发逆着电场方向做定向漂移运动，于是电路中迅速形成电流，使电灯亮起来。

人们对于金属导电的认识是不断深入的，对金属导电机制的认识经历了经典自由电子理论到量子自由电子理论的飞跃。经典自由电子理论曾取得了很重要的成就，随着科学的发展，相继出现了量子自由电子理论和能带理论，使得人们对电子运动规律的认识更加深入。

## 3.4　路与场的结合——电动机与发电机

我们知道，任何实际电路都是由多种电路元件组成的。例如，最简单的手电筒电路或较复杂的汽车电路等都是如此。电路中各种元件所表征的电磁现象和能量转换的特征，一般都比较复杂，如果按实际电路元件作电路图，有时会比较困难。因此在分析和计算实际电路时，用理想电路元件及其组合来近似替代实际电路元件组成的电路，这会带来很多方便，所以必须要对电路建立模型概念。

由理想电路元件组成，与实际电路元件相对应，并用统一规定的符号表示而构成的电路，就是实际电路的模型，也称为电路模型。它是实际电路电磁性质的科学抽象和概括，通过分析电路模型来揭示实际电路的性能和所遵循的普遍规律。

所谓理想电路元件，是指在一定条件下，突出其主要电磁特性，忽略其次要因素以后，把电路元件抽象为只含一个参数的理想电路元件。基本的理想电路元件有理想电阻$R$、理想电感$L$、理想电容$C$、理想电压源$U$和理想电流源$I$五种。

电路能够实现功能，其组成的三要素缺一不可：电源、负载和连接导线。对于电路模型的分析思路，就是根据两类约束条件建立电路方程，然后借助数学方法求解方程。集总参数电路中这两类约束条件，分别是拓扑约束（即基尔霍夫定律）和元件约束（即元件的电压电流关系，VCR）。

电路中的电阻元件、电容元件和电感元件三种基本元件的元件约束不同，决定了它们的电气特性各不相同。常用的电阻元件的电压电流关系遵从欧姆定律，是线性代数方程，说明了电阻两端的电压和其中流过的电流的同时存在性，也说明了电阻是耗能元件，总是在电路中吸收功率。而电容元件和电感元件的元件约束则是微积分方程，说明其电压或电流的记忆性，这两种元件在电路中起储能作用，不耗能，能够被充电或充磁，也能够放电或放磁。电路中与电场有关的物理过程是集中

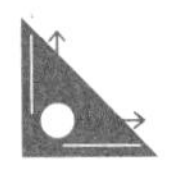



在电容元件中进行的，与磁场有关的物理过程集中在电感元件中进行。实际电路的运行都是“路”与“场”理论的结合。

1831年，法拉第发现了磁与电之间的转化关系，即通过闭合电路的磁通量发生变化时，闭合电路会产生感应电流，我们称之为电磁感应现象。电磁感应的产生条件一是闭合电路，二是通过闭合电路的磁通量产生变化，两个条件缺一不可。

电磁感应的发现是电磁学领域最伟大的发现之一，它深入揭示了磁与电之间的相互联系与转化关系，为人类利用电能奠定了基础，同时也标志着一场重大的工业和科技革命的到来。

电磁感应的发现不仅推动了电磁理论的发展，而且对生产实践也起了很大的促进作用。发电机、变压器、电磁炉等设备都是以电磁理论为依据制成的。此外，电磁感应在电工技术、电子技术及电磁测量等方面也有十分广泛的应用。

电磁感应现象最重要的应用就是发电机。发电机是把机械能转换成电能的设备，一般安装在发电厂内。发电机按使用电源不同分为直流发电机和交流发电机，电力系统中的发电机大部分是交流发电机，而且是同步电机（电机转子与定子旋转保持同速）。交流发电机主要由定子、转子、端盖、电刷、机座及轴承等部件构成。通过轴承、机座及端盖将发电机的定子、转子连接组装起来，使转子能在定子中旋转；通过滑环通入一定励磁电流，使转子成为一个旋转磁场，定子线圈做切割磁力线的运动，从而产生感应电势，通过接线端子引出，接在回路中，便产生了感应电流。由于电刷与转子相连处有断路处，使转子按一定方向转动，产生交变电流。家庭电路等电路中使用的都是交变电流。中国电网输出电流的频率是50 Hz。

实际中的发电机类型一般有汽轮发电机、水轮发电机和风力发电机三种形式。在火力发电厂和核电站中，汽轮发电机的应用较广泛。它利用高温高压的气体（比如水蒸气），使汽轮机转动，然后带动转子转动来发电。水轮发电机主要用于水电站中水流推动水轮机转动，从而使发电机发电，所以水流的能量决定发电机发电的多少。像三峡大坝在江河中建立拦河大坝，可以提高水位，增加水的能量，有利于发电。风力发电机是将风能转化为电能的机械，由风力带动风车叶片运动，再利用风速机提升旋转的速度来带动发电机发电。

汽轮发电机是与汽轮机配套的发电机。为了得到较高的效率，汽轮机一般做成高速的，通常为3000 r/min（频率为50 Hz）或3600 r/min（频率为60 Hz）。核电站中汽轮机转速较低，但也在1500 r/min以上。高速汽轮发电机为了减少因离心效应而产生的机械应力以及降低风摩耗，转子直径一般做得比较小，长度比较大，即采用细长的转子。特别是在3000 r/min以上的大容量高速机组，由于材料强度的关系，转子直径受到严格的限制，一般不能超过1.2 m。而转子本体的长度又受到临界速度的限制。当本体长度达到直径的6倍以上时，转子的第二临界速度将接近电机的运转速度，运行中可能发生较大的振动。所以大型高速汽轮发电机转子的尺寸受到严格的限制。10万kW左右的空冷电机，其转子尺寸已达到上述的极限尺寸，要再增大电机容量，只有靠增加电机的电磁负荷来实现。为此必须加强电机的冷却。所以5万～10万kW以上的汽轮发电机都采用了冷却效果较好的氢冷或水冷技术。20世纪70年代以来，汽轮发电机的最大容量已达到130万～150万kW。20世纪80年代末，在高临界温度超导电材料研究方面取得了重大突破，超导技术如果在汽轮发电机中得到应用，这将在汽轮发电

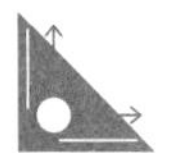



机发展史上产生一个新的飞跃。

电动机是一种旋转式电动机器，是由电能转换成机械能的设备。电动机已经应用在现代社会生活中的各个方面，比如家庭生活中的电扇、冰箱、洗衣机，甚至各种电动玩具都离不开电动机。

一般的电动机按电能的种类，可分为直流电动机和交流电动机。其中交流电动机按照转速与电网电源频率之间关系，还可分为同步电动机与异步电动机。

一般的电动机也主要由两部分组成：定子和转子，另外还有端盖、罩壳、机座、接线盒等。定子的作用是用来产生磁场和作为电动机的机械支撑。电动机的定子由定子铁芯、定子绕组和机座三部分组成，定子绕组镶嵌在定子铁芯中，通过电流时产生感应电动势，实现电能量转换。电动机的转子由转子铁芯、转子绕组和转轴组成。转子铁芯也是作为电动机磁路的一部分；转子绕组的作用是产生感应电动势，通过电流而产生电磁转矩；转轴是支撑转子的重量、传递转矩、输出机械功率的主要部件。

电动机的工作原理是建立在电磁感应定律、电路定律等基础上的。如图3-6所示，是交流异步电动机转子转动的原理图（图中只显示出两根导条）。当磁极沿顺时针方向旋转，磁极的磁力线切割转子导条，导条中就产生感应电动势。电动势的方向由右手定则来确定。因为运动是相对的，假如磁极不动，转子导条沿逆时针方

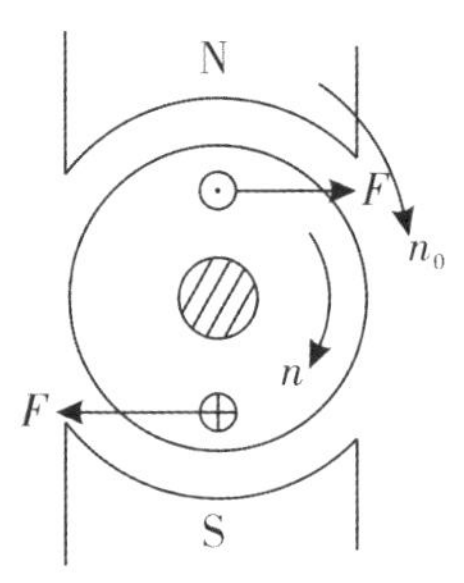

图3-6　交流异步电动机转子转动原理图

向旋转，则导条中同样也能产生感应电动势。在电动势的作用下，闭合的导条中就产生电流。该电流与旋转磁极的磁场相互作用，而使转子导条受到电磁力 $F$ 的作用，电磁力的方向可用左手定则确定。由电磁力进而产生电磁转矩，转子就转动起来。

综上可见，发电机和电动机的运作都依赖因磁铁转动而产生随着时间改变的磁场，从而产生感应电流而工作的。

4

# 热学中的典型物理模型

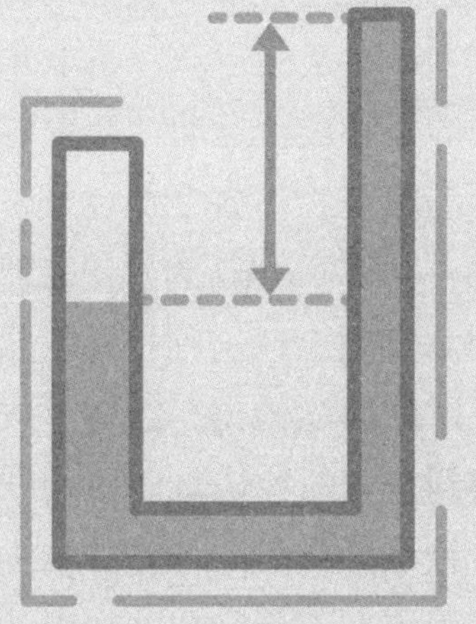

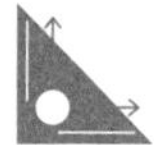



热是什么？这是从古希腊时期人们就开始思考的一个问题，在漫长的历史长河中，许多哲学家曾对热提出过各种幻想式的假设，但很可惜，由于热现象具备的特殊性质，直到中世纪，人们依旧对其没什么明智的看法。那么，热学体系是如何搭建而成的呢？其中有关的物理模型又是如何建立的？

## 4.1　热的本质

热的本质是什么？15世纪以后，随着对热现象研究的逐步深入，人们对热的本性问题提出了种种观点，归纳起来主要有两种。

一种认为热是运动的表现。例如培根（1561—1626）从摩擦生热现象中得出“热是一种膨胀的、被约束的，而在其斗争中作用于物体的较小粒子之上的运动”。玻意耳（1627—1691）曾经做过用力学方法产生热的实验，他认为钉子敲打之后能变热，是运动被阻而变热的证明，他得出热是物体各部分发生的强烈而杂乱的运动。笛卡儿（1596—1650）把热看作是物质粒子的一种旋转运动。胡克（1635—1703）用显微镜观察火花，认为热是物体各个部分非常活跃和极其猛烈的运动。牛顿（1643—1727）也认为热不是物质，而是组成物体的微粒的机械运动。实质上，这种朴素的热的运动说是正确的，但是由于缺乏足够的实验依据，没有形成科学的理论，所以在18世纪并没有得到普遍的承认。

另一种认为热是一种特殊的物质，是“无重物质”，即热质。这种观点在古希腊的著作中就有所体现，到了18世纪，把热看成是一种特殊的物质成为占统治地位的观点。例如拉瓦锡和拉普拉斯等人认为热是渗透到物体空隙当中的所谓“热质”

构成的，拉瓦锡甚至把热纳入元素周期表中，成为一种元素。伽桑狄认为热和冷是由于特殊的“热原子”和“冷原子”引起的。哈雷大学的施塔尔认为燃烧就是物质所放出的“燃素”，燃素本身是一种特殊的物质。热质说的积极倡导者布莱克，用热质观点解释了冰的熔解和水的沸腾现象，认为吸热而不升高温度说明水和蒸汽中潜藏着大量的热质，他认为热是一种没有质量，可以在物体中自由流动的物质。

热质说之所以在18世纪占据主导地位是有其根本性原因的。一方面，由于当时人们仍习惯于把各种物理现象进行分门别类的研究，尚未注意到它们之间相互联系和转化关系。另一方面，热质说能简单地解释大部分热现象，如物体温度的变化是由吸收或放出热质所引起的，热传导是热质的流动，摩擦碰撞生热是由于“潜热”被挤压出来等。

热质说走向衰落是从发现了热质说无法解释一些实验现象开始的。1798年，物理学家伦福德在《关于用摩擦产生热的来源的调研》一文中介绍了机械功生热的实验。他发现钻头钻炮膛时会产生大量的热，钻头越钝产生的热越多，只要机械做功不停止，热就可以源源不断地产生，因此他得出结论：热是物质的一种运动形式，是粒子振动的宏观表现。他指出，热质说和燃素说一样都是错误的。1799年，英国化学家戴维做了在真空容器中两块冰摩擦而融解为水的实验。因为与外界隔绝，冰融解所需的热量不可能来自外界，而按照热质说观点，这热量来自摩擦挤出的潜热而使系统的比热容变小，但实际测量水的比热容不但不比冰小反而更大，在这里“热质守恒”的关系无法成立，戴维由此断言，热质是不存在的。伦福德和戴维的实验为热的运动说提供了重要的实验证据。

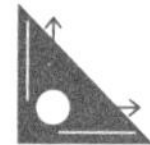



## 4.2　分子热运动模型

分子热运动模型是建立在分子动理论之上的一种模型，它具有通过微观分子[①]的运动过程来解释物质宏观热性质的作用，即热现象是分子无规则运动的一种表现形式。关于分子热运动模型的由来，还要从早期的原子论开始说起。

17世纪中叶，法国科学家、哲学家伽桑狄重新提出古希腊德谟克利特的原子论，他认为世界是无限的，世界上的一切东西都是按一定次序结合起来的原子总和，他假设原子能向各个方向运动，由此来解释物质存在固、液、气三种状态。之后的1662年，玻意耳从实验室中得到了气体定律，并提出了关于空气弹性的定性理论。该理论认为，气体的压缩和膨胀是由于气体粒子对周围粒子存在斥力的作用，而这种斥力的大小会与粒子间距离呈负相关。正是这种力的存在，使气体有了压强。这一理论的出现，为分子运动论和分子热运动模型的创立奠定了基础。但是由于这一时期热质说的兴盛，使得分子运动论即便出现了雏形，其发展依然甚为缓慢，甚至遭受到了压制。

1716年，瑞士人赫曼对热是一种运动提出了确定的数量关系，他指出：成分相同的物体中的热是热体的密度和它所含粒子的乱运动的平方以复杂的比例关系组成的。其中“乱运动”就是分子的平均速率，“热”就是指的压强。因此，他将该观念表述为压强与密度和分子平均速率的平方成正比关系。这是关于分子热运动模型出现的最早定量关系。

---

①　在研究物质的化学性质时，我们认为组成物质的微粒是分子、原子或者离子。但是，在研究物体的热运动性质和规律时，不必区分它们在化学变化中所起的不同作用，而把组成物体的微粒统称为分子。

1729年，瑞士著名数学家欧拉成为最接近分子运动论的科学家。他在笛卡儿学说的基础上，把空气想象成是由旋转球形分子堆集在一起而构成的物质。他假设在任意给定温度下，所有空气和水的粒子旋转运动的线速率都相同，由此推出状态方程：

$$p \approx \frac{1}{3} \rho V^2$$

通过压强和密度的正比关系，欧拉成功解释了玻意耳定律，并大致计算出了分子的速率。虽然他的分子运动图像与现代对气态的观点不符，但其结果仍然可以看成是取得了初步的成功。

另一位瑞士数学家丹尼尔·伯努利对分子运动论也同样做了重要贡献，他在1738年发表的《水力学》一书中，用专门的篇幅来讨论分子运动，并从分子运动中推导出了压强公式，得到了比玻意耳定律更普遍的公式。

丹尼尔·伯努利首先考虑在圆柱体容器中密封有无数的微小粒子，这些粒子在运动中碰撞到活塞，对活塞产生一个力。他假设粒子碰前和碰后都具有相同的速率。他分析当活塞从顶端下移时，有两方面原因会使它受到粒子的力变得更大：一方面是由于空间缩小，单位空间的粒子数按比例变得更大；另一方面是因为每个给定的粒子碰撞得更为频繁。粒子间的距离越短，碰撞得越发频繁，即碰撞次数反比于粒子之间的平均距离。但是，如果想要通过实验确定玻意耳定律的偏差，实验就必须施加极大的压力，测量要非常精确，并需注意保持温度不变。

可见，丹尼尔·伯努利早在1738年就注意到要修正玻意耳

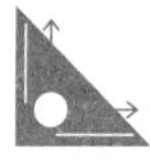



定律，比范德瓦耳斯早150年之久。遗憾的是，丹尼尔·伯努利的理论被人们忽视了整整一个世纪。

继丹尼尔·伯努利之后，俄国人罗蒙诺索夫在1746年《关于热和冷原因的思索》和1748年《试拟建立空气弹力的理论》两篇论文里，论证了热的本质在于运动，讨论了气体的性质，阐述了气体分子无规则运动的思想，并肯定了运动守恒定理在热学现象中的应用。

另外还有瑞士的德鲁克和里萨奇，意大利的维斯柯维基都曾致力于分子运动论。维斯柯维基是18世纪突出的思想家之一，他提出过分子斥力模型。

19世纪上半叶，分子运动论继续发展，值得提到的有以下几位：

1816年，英国的赫拉帕斯向皇家学会提出自己的分子运动理论。他明确地提出温度取决于分子速度的思想，并对物态变化、扩散、声音的传播等现象做出定量解释，但是权威们认为他的论文太近于遐想，拒绝发表。

1846年，苏格兰的瓦特斯顿提出混合气体中不同比重的气体，所有分子的$mv^2$的平均值应相同。这可能是我们现在所说的能量均分原理的最早说法。

焦耳在1847—1848年也曾发表过两篇关于分子运动论的论文。他指出，热是分子运动的动能或分子间相互作用的能量。他还求出了气体分子的运动速率，并据此计算出气体的比热，与实验结果进行了比较。焦耳的文章发表在一个不知名的杂志上，因此很少为人们所知，对分子运动论的“复活”影响并不大。

热质说衰落后，热的动力论取而代之，于是就创造了一个对分子运动论“复活”很有利的形势，因为人们自然地就会想到：既然热和机械功有当量关系，可以相互转变，热就应该与物体各组成部分的运动有确定关系。正因如此，在建立热力学上做过重大贡献的实验物理学家焦耳和理论物理学家克劳修斯都分别提出了自己对分子运动的看法和有关理论。可见，分子运动论在19世纪中叶，紧跟着热力学第一定律、第二定律的提出而得到发展，有其必然的逻辑联系。

分子热运动模型的兴起，通常归功于德国物理学家克里尼希，他激发了克劳修斯和麦克斯韦进一步发展这个理论。1856年克里尼希在《物理学年鉴》上发表了一篇短文，题为《气体理论的特征》，这篇论文虽然没有什么新的观点，也不完全正确，但相当有影响。这是因为当时克里尼希是知名的科学家，柏林高等工业大学的教授，《物理学进展》的主编。他在柏林物理学会很有声望。他的论文正好发表于热力学第一定律建立之后不久，因此备受科学界的注意。

克里尼希的方法跟丹尼尔·伯努利和赫拉帕斯没有实质上的差别。他从最简单的完全弹性球假设出发，假设这些弹性球沿三个相互垂直方向均等地以同一速率运动，他写道：

“假想有一个匣子，取自绝对弹性的材料，里面有许多绝对弹性球，如果静止下来，这些小球只占匣子容量的极小一部分。令匣子猛烈摇晃，于是小球都运动起来了。如果匣子重归静止，小球将维持运动。在小球之间以及小球与器壁间的每次撞击之后，小球的运动方向和速率都要改变。容器中气体的原子就像这些小球一样地行动。

“气体的原子并不是围绕平衡位置振动，而是以恒速沿直线运动，直到碰上气体的另一个原子或固态（液态）的边界。特别

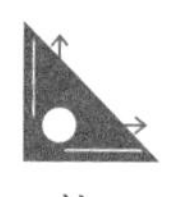



是两个互相不接触的气体原子，它们之间不会产生相互排斥力。

“与气体的原子相反，即使最平整的器壁也要看成是很粗糙的。结果，每个气体原子的路程必定极不规则，以至于无法计算。”

克里尼希接着提到概率理论，“靠概率理论的定律，我们就可以用完全规则性代替完全不规则性”。不过，他实际上并未用上概率理论。

克里尼希根据分子动量的改变推出公式 $p=\frac{nmc^2}{V}$，其中$V$为体积，$n$为分子数，$m$与$c$为分子的质量和速度。然后，他假设绝对温度相当于$mc^2$，这样就把自己的公式等同于玻意耳和盖-吕萨克定律，他研究了重力对气体的作用，证明在容器上下不同的高度应有压强差，这个压强差与温度无关。

克里尼希还讨论了气体分子速度和比热问题，他指出：氢气要比更重的气体如氧气扩散得更快。他还对气体向真空膨胀温度不变、膨胀时气体推动活塞后会变冷、受压缩则气体会变热等现象做出解释。不过，他没有提到这些方面的实验。

他的工作可以说是早期分子运动论的结束，因为到此为止，分子运动论充其量也只能推证理想气体状态方程，定性解释扩散和比热。要做进一步研究，靠完全弹性球的假设已经满足不了需要，必然需要进一步考虑分子速度的统计分布和分子间的作用力。从这一点来看，克劳修斯和麦克斯韦才是分子运动论真正的奠基人。

## 4.3 理想气体模型

理想气体模型，顾名思义，它是针对气体性质而提出的一种理想化模型。关于人们对气体性质的研究，最早可以追溯到公元前3世纪，从人们对“真空”存在性的争论开始。

“自然界厌恶真空。”这是古希腊伟大的哲学家亚里士多德的理论，他认为真空在自然界是不可能存在的。但在当时由于技术上存在限制，人们无法得到真空的环境，因此这样的理论持续到了17世纪，并一度被用来解释水泵抽水的行为：把水泵的活塞提起来时，如果水不跟着上升，就会形成真空，而自然界厌恶真空，因此水自然就被抽上来了。当时的人们普遍相信这一理论，甚至还包括著名的物理学家伽利略，不过相较于亚里士多德的观点，伽利略更倾向于这种“厌恶”是有一定程度的，比如，伽利略曾发现抽水机在工作时，不能把水抽到10 m以上的高度。

这个错误的理论是什么时候被推翻的呢？答案发生在伽利略的学生托里拆利这位青年身上。1643年6月，此时的伽利略虽然已经离世，但却留下了关于“抽水机对抽水高度限制”的研究，托里拆利为完成导师的嘱托，完成了后世著称的托里拆利实验（图4–1）。

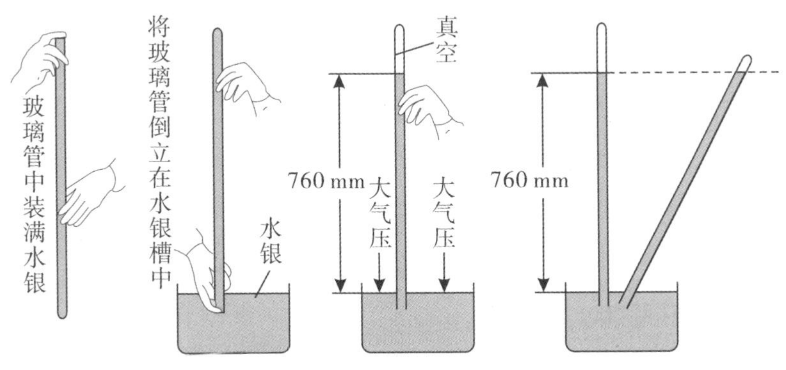


图4–1 托里拆利实验

1641年，一位著名的数学家、天文学家贝尔提曾用一根10 m多长的铅管做成了一个真空实验。托里拆利受到了这个实验的启发，想到用较大密度的海水、蜂蜜、水银等做实验，最终发现水银具有最好的效果。他将一根长度为1 m的玻璃管灌满水银，然后用手指顶住管口，将其倒插进装有水银的水银槽里。放开手指后，可见管内部顶上的水银已下落，留出空间来了，而下面的部分则仍充满水银。这部分留出的空间，便是“真空”。为了进一步证明管中水银面上部确实是真空，托里拆利又改进了实验。他在水银槽中将其水银面以上直到缸口注满清水，然后把玻璃管缓缓地向上提起，当玻璃管管口提高到水银和水的界面以上时，管中的水银便很快地泻出来了，同时水猛然向上蹿入管中，直至管顶。这一现象证明，原先管内水银柱以上部分确实是真空，之前水银柱和现在的水柱都不是被什么“真空力”所吸引住的，而是被管外水银面上的空气重量所产生的压力托住的。托里拆利在实验中还发现，不管玻璃管长度如何，也不管玻璃管倾斜程度如何，管内水银柱的垂直高度总是760 mm，于是他提出了可以利用水银柱高度来测量大气压。

托里拆利的实验彻底否决了亚里士多德的思想，与其他划时代的发现一样，观念的改变是非常困难的，人们并不认同这一“逆时代”的实验现象，提出玻璃管上端内充有“纯净的空气”，并非真空。对于这一说法，当时的托里拆利也无法给出有力的反驳，一时间人们众说纷纭，争论不休。直到帕斯卡的出现，将托里拆利的实验重新复刻，并把真空和大气压的问题结合在一起，这一理论才逐渐被人们所认同。

在人们认识到了大气压的存在之后，便对气体的性质有了兴趣，尤其是在见识到了1654年的“马德堡半球实验”之后，那叹为观止的现象更是激发了人们的好奇心和探索的欲望，由此，科学家们便针对气体展开了他们的研究，其理论为后来理想气体模型的出现奠定了不可或缺的基础。

1662年，英国物理学家胡克在科学协会会议上发表了一篇关于“空气弹性”实验的论文，继而又有法国科学家制作了一个中间装有活塞的黄铜气缸。实验时用力按下活塞，把气缸里的空气进行压缩，之后松开活塞。按照设想活塞应该全部弹回，然而不论怎样反复实验，活塞每次都只弹回一部分。这样之后，法国科学界开始宣称：空气不存在弹性，只是经过压缩之后，空气会保持一定的压缩状态。

面对法国科学界的结论，英国物理学家、化学家玻意耳并不认同，他觉得这不能说明任何问题。针对这一实验，玻意耳指出活塞不能完全弹回的原因是他们使用的活塞太紧了。为了证实自己的观点，玻意耳决定制作一个松紧适合的活塞。过一段时间后，玻意耳公开演示自己的实验。他将水银倒进一根两端粗细不均的U形玻璃管中，玻璃管细长的一端开口，短粗的一端密封。注入的水银将玻璃管底部盖住，两边稍微上升，在密封的短粗管中，水银堵住一股空气。对此，玻意耳解释道：“活塞是所有压缩空气的塞子，水银可以充当活塞的作用，这样的‘活塞’不会因为摩擦而影响实验结果。”在实验中，玻意耳记录下水银的重量，并在玻璃管空气与水银的交界处做上标记。之后他开始向细长管一端注入水银，直至注满。这时水银在短粗一端上升到一半的高度，在水银的挤压下，堵住空气的体积变成原来体积的一半还不到。这时玻意耳在玻璃管上标记第二条标记线，显示里面水银的新高度以及被堵住的空气的

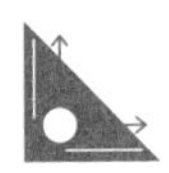



压缩体积。在这之后，玻意耳通过玻璃管底部的阀门将水银排出，直到玻璃活塞、水银与实验开始时的重量完全一致。水银柱重新回到实验开始时的高度，被堵住的空气也恢复最初的位置。由此证实了玻意耳的主张是正确的。

在此之后，波意耳继续进行探究实验。当他向受封闭的空气施加双倍的压力时，空气的体积就会减半；当施加3倍的压力时，空气体积就会变成原来的$\frac{1}{3}$。由此玻意耳发现规律：当受到挤压时，空气体积的变化与压强的变化总是成比例。他用一个数学公式代表这一比例关系，也就是著名的玻意耳定律。

$$(pV)_{n,T}=c$$

其中$c$为常数（下同），下标"$n$"和"$T$"表示系统所含物质的摩尔数和温度不变。

玻意耳定律的提出，为气体的量化研究和化学分析奠定了基础。同时作为描述气体运动的第一条定律。在他之后100多年，随着测温技术的不断改进，关于气体性质的研究也逐渐深入。

1787年，查理首次得到了压强一定时，气体体积与温度成正比的结果：

$$\left(\frac{V}{T}\right)_{n,p}=c$$

1802年，盖-吕萨克测量了空气、氧气、氢气和氮气等在水的冰点和沸点之间的热膨胀，并得到了相应的关系：

$$\left(\frac{V}{n}\right)_{T,p}=c$$

这三个关系称为气体三大实验定律，可算是最早的状态方程。至此，气体的三大定律被人们熟知，内容的准确性也无人质疑。

但事实真的如此吗？18世纪的欧洲，许多关于气体的实验都在相对常态化的环境中进行，换言之，低温、高压的实验环境受当时的技术限制是很难达到的，因此，定律是否真的准确无人能够印证。直到1852年，法国科学家雷诺在实验中发现，玻意耳定律在压强很高时存在较大偏差。当压强增加至1000 atm（大气压）时，误差竟然达到了72%。见表4–1。

**表4–1 氢气在0 ℃时不同压强下的*PV*值**

| 压强 *P*/atm | 体积 *V*/L | *PV* 值 /（atm · L） |
| --- | --- | --- |
| 1 | 1 | 1 |
| 100 | 0.010 69 | 1.069 |
| 200 | 0.005 69 | 1.138 |
| 500 | 0.002 71 | 1.357 |
| 1000 | 0.001 72 | 1.720 |

为什么会出现这样的情况呢？原来，分子的体积是包含两部分的，一部分是分子自身的体积，另一部分是分子间空隙的体积，而可以被压缩的部分仅是分子间的间隙。当压强不大在标准状况下时，分子本身的体积占总体积很小的一部分，大约为万分之一，此时分子间的距离也较大，所以可以忽略分子本身体积和相互之间的作用力，将气体视为完全压缩，这样就符合玻意耳定律。反之，当压强增大为1000 atm时，分子本身的体积占总体积的比例扩大到十分之一，此时的相互作用力有了明显的影响，玻意耳定律自然就不再适用了。同理，低温环境下气体都被液化，自然也谈不上气体定律了。

至此我们发现，玻意耳定律等三大气体定律似乎并不是那么准确。即便如此，这些理论中存在的价值也不可忽视，它们

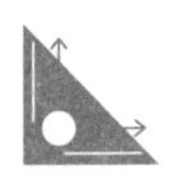



在一定程度上都反映了气体的共性，都揭示了气体宏观状态之下的内在规律，在解决实际问题时具有重要意义。因此，为了方便研究各类气体之间的共性问题，就需要建立一个关于气体的简化模型，人为规定其在任何温度和压强下都能遵循实验定律，这样的模型我们便称为理想气体模型。

1856年，德国物理学家克里尼希把分子视为弹性小球计算了气体的压强，得到了和三大定律等价的压强公式。1857年，克劳修斯发表了题为《论我们称之为热的那种运动》的论文，他把以前人们对分子运动的种种设想和实验结果总结加工成理论，提出理想气体分子模型的三点假设：

①相对于气体的整个体积，可以忽略气体分子的体积；

②分子与分子之间的碰撞时间和碰撞与碰撞相隔时间相比，可以认为碰撞是在无限小时间内进行；

③分子之间力的影响无限小。

克劳修斯从这个模型出发，通过计算他定义的理想气体分子对器壁作用的冲量，求出了气体压强，并推导出理想气体的状态方程。

$$pV=RT$$

其中$p$为气体的压强，$V$为摩尔体积，$R$为气体常数。

至此，独立提出的三大气体定律得到了统一和透彻的理解，表征着人类对气体热现象的认识从感性上升为理性。

## 4.4 范德瓦耳斯气体模型

上文提到，无论是气体三大定律，抑或是理想气体模型，它们的应用范围似乎都存在部分局限性，换句话说，并非任何情况下的气体都适用气体三大定律，这也意味着理想气体模型需要得到改进来提升其普适性，那么，是谁完成了这一壮举呢？我们要从年轻的科学家范德瓦耳斯开始讲起。

1837年，范德瓦耳斯生于荷兰莱顿一个普通的工人家庭，早年家境不甚宽裕，他在出生地完成了初等教育后，便做了一名小学教师。按照荷兰当时的法律，要想进一步接受他喜爱的自然科学的教育，就必须首先通过希腊文和拉丁文的考试。但是，范德瓦耳斯在这方面的基础不足，因此未能获得参加考试的资格。1866年，这是给范德瓦耳斯带来转机的一年，这一年荷兰政府颁布的新法律取消了自然科学学科的大学生必须预先接受希腊文和拉丁文教育这一限制，使得范德瓦耳斯能够参加大学入学考试，并进入了著名的莱顿大学攻读物理学。

莱顿大学是荷兰的第一所大学，创建于1575年。学校对教师和人才极度重视，鼓励不同学科自由竞争，允许来自不同宗教、不同国家的学生来此求学。17—18世纪，莱顿大学以其在医学和数学上的卓越成就著称于世。正是由于莱顿大学开放、自由的学术风气，使得在1901—1920年诺贝尔物理学奖最初24位获奖人中，出自莱顿大学的物理学家就占了4位，他们是洛伦兹、塞曼、范德瓦耳斯和昂尼斯。

范德瓦耳斯进入莱顿大学后，开始钻研克劳修斯和其他分子理论学家的著作。1873年，36岁的范德瓦耳斯获得了莱顿大学的博士学位。他的博士学位论文的题目是《关于气体和液体状态的连续性》。这篇论文一发表，立即得到麦克斯韦的高度赞赏，并在1874年《自然》杂志上推崇了这篇文章，麦克斯韦写道："这篇文章的问世立刻将他（范德瓦耳斯）置身于科学名家的最前列。"在这文章里，范德瓦耳斯只用了很少的数

学，就把安德鲁斯和其他实验学家对蒸汽和液体所观测到的现象，特别是关于存在一种临界温度，气体低于这个温度才可能凝聚为蒸汽和液体两相体系的问题，给出了满意的分子运动论的解释。这是对分子集体效应的最初的定量描述。

由前文介绍的玻意耳定律知道：当温度不变时，一定质量的气体的压强与体积成反比。这一定律对理想气体是严格成立的，但不能完全反映实际气体的性质。压强越大，温度越低，玻意耳定律与实际情况的偏差就越显著。范德瓦耳斯鉴于理想气体状态方程所存在的缺点，在克劳修斯理想气体状态方程的基础上，做了两点修正：

①分子间的吸引力将产生附加压强，所以气体压强$p$应由与分子引力有关的参数来修正，可写为$p+\frac{a}{V_2}$，$a$是分子引力修正常数。

②分子体积的存在使得气体自由体积减小，所以气体的摩尔体积$V$应为$V-b$，$b$是体积修正常数。

鉴于以上两点修正，因而得出近似描述实际气体性质的状态方程，即范德瓦耳斯方程。

$$\left(p+\frac{a}{V_2}\right)(V-b)=RT$$

式中$p$、$V$、$T$分别是气体的压强、体积、绝对温度，$R$为气体常数，$a$、$b$是对1 mol某种气体的修正常数，需用实验测定。

范德瓦耳斯方程最早定量研究了分子间的相互作用，是人类历史上第一个既能描述气、液各相性质，又能显示出相变的物态方程。由于它形式简单，物理意义清楚，成为热力学和统计物理学的重要应用对象。虽然范德瓦耳斯方程准确度不高，实用价值不高，但建立方程的理论和方法对以后立方型方程的发展产生了重大影响。目前工程上广泛使用的立方型方程基本上都是从范德瓦耳斯方程衍生出来的。

## 4.5　温度计与温标

18世纪中叶，有关热现象的学说开始发展起来。对热现象的定量研究是从确定物体的冷热程度——温度开始的，因此温度计的制作和改进就成为热力学早期的研究课题。

1593年，伽利略首先利用热胀冷缩的原理制作了温度计（图4-2）。他把一个长玻璃管与一个玻璃泡连在一起，首先让玻璃泡受热，然后倒转插入装水的容器中，玻璃泡冷却后，水沿玻璃管上升一段距离，形成了原始的温度计。当玻璃泡周围的温度发生变化时，玻璃泡中的气体压强发生变化，从而引起水柱高度的变化。这样，就可以根据水柱的高度来估计“热”的程度。不过，伽利略的温度计容易受大气压的影响，且只能测量相对的温度，使用起来非常不方便。

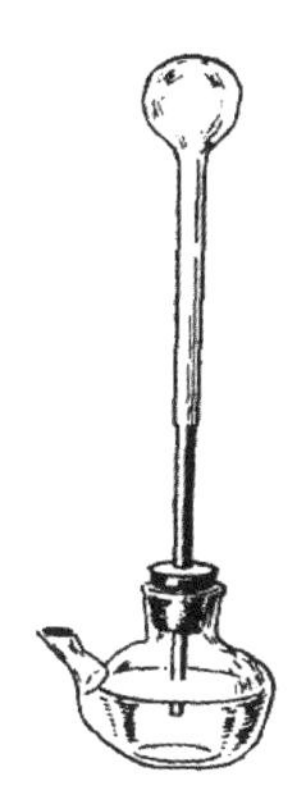

图4-2　伽利略温度计示意图

法国化学家雷伊对伽利略的温度计做了改进，他把玻璃泡倒转过来，直接用水的体积的变化来表示冷热程度，这样温度计可以携带了。但是水容易蒸发，影响测量结果，所以误差比较大。之后意大利出现了用酒精或水银密封在玻璃泡中做成的温度计。

尽管在温度计的设计方面取得了很大进步，但这些仪器仍

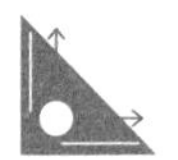



然很不完善。它们的主要问题是还没有建立统一的温度标尺，各种温度计的标尺完全是任意的。在同一个条件下，不同的温度计指示出不一样的温度。科学家们意识到必须选择温度标准。于是，温标就在这一背景下诞生了。

1665年，惠更斯建议把水的凝固温度和沸腾温度作为两个固定点。1703年，牛顿把雪的熔点定为自己制作的亚麻子油温度计的零度，把人体温度定为12度。

第一支实用温度计是荷兰的玻璃工华伦海特（1686—1736）制成的。华伦海特首先制作了一个酒精温度计，不过在了解到阿蒙顿（1663—1705）在水银膨胀方面的研究后，便开始制作水银温度计。华伦海特曾经做过一系列实验，发现每一种液体都像水一样，在一定的大气压下有一个固定的沸点，并且发现沸点随大气压变化。于是他把冰、水、氨水和盐的混合物处于平衡态的温度定为0 ℉，冰的熔点定为32 ℉，而人体的温度为96 ℉。1724年，他又把水的沸点定在212 ℉，后人称这一温标为华氏温标。

瑞典天文学家摄尔修斯（1701—1744）用水银作为测温物质，为了避免冰点以下出现负温度，把水的沸点定为0 ℃，冰的熔点定为100 ℃，这与现行的摄氏温标正好相反。8年之后，摄尔修斯接受了同事施特默尔的建议，把两个定点值对调了过来，这就是至今广为使用的摄氏温标。

摄氏温标、华氏温标都是用水银作为温度计的测温介质，是依据液体受热膨胀的原理来建立温标和制造温度计的。这种借助于某一种物质的物理量与温度变化的关系，用实验方法或经验公式所确定的温标，我们称之为经验温标。经验温标有三个要素：选择测温物质、确定测温属性；选择固定点；确定分度。从经验温标的三个要素可以看到，经验温标的确定依赖于测温物质属性，不同测温物质、不同测温属性确定的温标不会严格一致，也很难找到一种经验温标，能够覆盖从零到任意温度的温标。建立一种不依赖于测温物质、测温属性的温标显得很有必要。

1848年，威廉·汤姆孙（即开尔文）提出绝对温标，是卡诺热动力理论的直接成果。威廉·汤姆孙注意到卡诺热机与工作物质无关，并且通过卡诺热机可以确定温度，这样定出的温标称为热力学温标或绝对温标。绝对温标的建立对热力学的发展具有重要意义，1887年绝对温标得到了国际公认。

# 5 光学中的典型物理模型

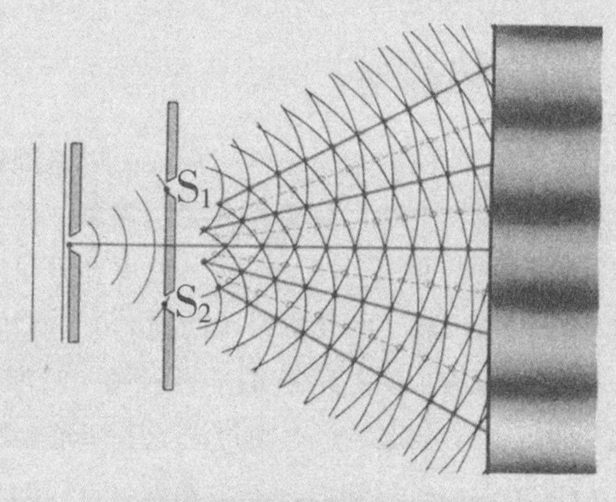

光与人类的关系非常密切。因为光的存在，人们才可以看清并逐渐了解这个绚丽多彩的自然世界。对于人类来说，光是如此的寻常但又难于捉摸。“光的本性到底是什么？”这是一个人类长期思索与探讨的问题。通过对光本性的不断追求，我们对于光的认识才越来越深入，随着岁月的沉淀，这些认识不断积累，构成了现在物理学的重要分支学科——光学。光学的发展有着2000多年的历史，可分为几何光学、波动光学、量子光学3个阶段。对事物认知的不同，会使得人们在解决问题时建立的物理模型也不相同。随着人们对光的本性认识的不断深入，在光学的发展过程中，相继出现了光线、光波和光子等物理模型。这些模型的出现，标志着光学向更深的层次不断发展。接下来我们将对光学发展历史的不同阶段的光线、光波和光子等物理模型进行介绍，以帮助我们更好地认识模型的建立、发展及其作用。

## 5.1　光线模型

光学的起源同力学、热学一样，可以追溯到两三千年前。我国的《墨经》中就记载着许多光学现象，例如投影、小孔成像、平面镜、凸面镜、凹面镜等。西方在很早之前也有许多关于光学知识的记载，欧几里得（约前330—前275）的《反射光学》研究了光的反射；阿拉伯学者阿勒·哈增（965—1038）写过一部《光学全书》，书中讨论了多种光学现象。

17世纪人们已经知道，表示光进行方向的直线叫作光线，因此光的传播可以用光线来表示。多条光线围绕一轴线分布，叫作光束。光束内的光会聚于一点，这一点就叫作光束的焦点。均匀发光的小球形体，如果它的大小比它到观察点的距离小很多，我们可以把它叫作点光源。点光源发出的光照射到不透明物体时，在物体后方的屏幕形成的跟物体自身相似的黑暗部分，叫作物体的本影图5-1（a）。本影的大小受光源、物体和像屏三者之间相对位置的影响。如果发光体不够小而不能当作点光源，那么在发光体发出的光照射到不透明物体时，物体后方不但会形成本影，还会在本影的周围形成暗淡的半影图5-1（b）。

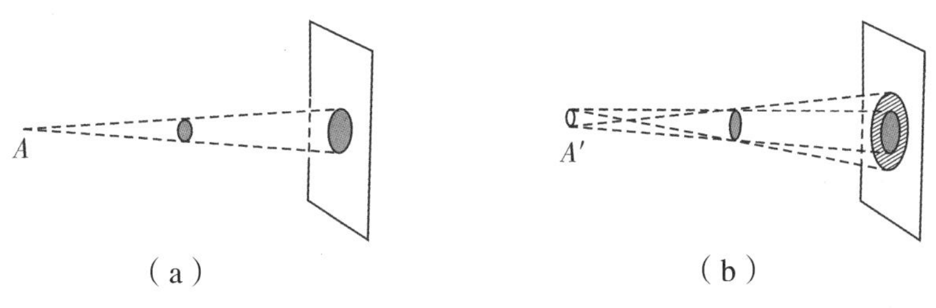


图5-1　本影与半影

大量观察到的光学现象一般都可用光从光源发出并沿着光线向外传播这种说法来解释。例如图5-1（b）的半影照度变暗，是因为这个区域的某一点只能接收到光源发出的一部分光，当然我们能够确定的是光的能量并没有散布到光线所确定的范围以外。因此，我们可以这样来解释光线：光能量由光源向接收器传输的路径。若光线在任一点被不透明的障碍物挡住，则光能量在这条路径的传输也就中断；如果某一光源向接收器发出的所有光线都被不透明的障碍物遮挡，那么光能量就不能由光源到达接收器。注意，上面所述包含了两个概念：第一，光是沿着光线传播的；第二，这些光线是直线。在非均匀媒质中，就我们目前所考虑的近似而言，光仍沿光线传播，但这些光线已不再是直线。例如，大气（当高度增加时其密度变

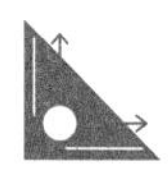



小）中光线变得弯曲，使得太阳落到地平线以下后，我们仍能看到光。

借助于光线这个物理模型，我们可以把几何学的知识应用到光学规律的描述上，进而准确地给出光在介质中传播的基本特征。几何光学中光的传播规律可以概括为：

（1）光的直线传播定律：在同种均匀介质中，光沿直线传播，即在同种均匀的介质中，光线为一条直线。

（2）光的独立传播定律：来自不同方向或由不同物体发出的光线的相交，对每一光线的独立传播不发生影响。

（3）光的反射定律和折射定律：当光线由一种介质进入另一种介质时，光线在两个介质的分界面上被分为反射光线和折射光线；对于光这两条线的前进方向，可分别由反射定律和折射定律来表述。

①反射定律。

入射光线$AB$、分界面$B$点的法线$NB$和反射光线$BC$，三者在同一平面内，并且反射光线与法线间的夹角$r$（反射角）等于入射光线与法线间的夹角$i$（入射角）。如图5-2所示。

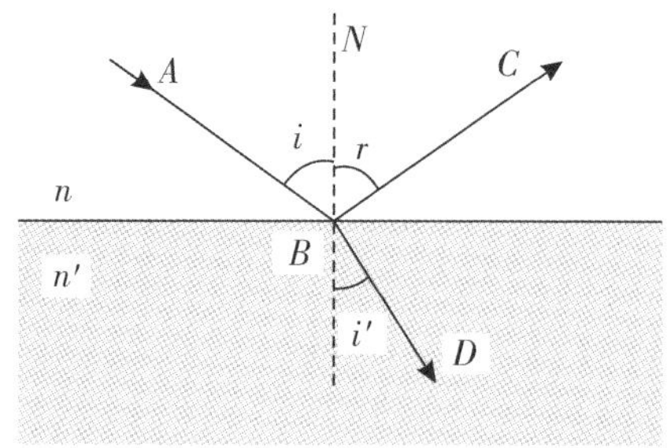


图5-2　反射与折射光线示意图

②折射定律。

如图5-2所示，入射光线$AB$、分界面$B$点的法线$NB$和折射光线$BD$，三者在同一平面内。入射角$i$的正弦与折射角$i'$（折射光线和法线间的夹角）的正弦之比，是一个取决于两介质光学性质及光的波长的常数，它与入射角和折射角的大小无关。这个定律可写成：

$$\frac{\sin i}{\sin i'}=\frac{n'}{n}$$

其中常数$n$和$n'$，分别为第一介质和第二介质的绝对折射率，它们可以表示为

$$n=\frac{c}{v_1}$$

$$n'=\frac{c}{v_2}$$

其中$c$为光在真空中的速度，$v_1$和$v_2$分别是光在第一介质和第二介质中的速度。

光的直线传播告诉我们在各向同性的均匀介质中，光沿着直线方向传播。光的反射定律和折射定律告诉我们当光与两种介质的界面相互作用后的传播方向问题。

几何光学是撇开光的波动性，仅以光的传播方向为基础，研究光在透明介质中传播规律的光学分支。在几何光学中，我们把光抽象为沿传播路径的有向直线或曲线，简称为光线。光线是一种几何的抽象，一种理想化的模型，用细线能够简洁地突出传播的方向这一重要特征。在解决相应的问题时，利用光线模型可以更清晰地帮助我们分析问题中的关键，极大地化简问题解决过程。但几何光学的应用条件是障碍物的尺寸远远大于光的波长$\lambda$时的情况，因此在把光的传播抽象为光线这个物

理模型时，忽略了光的波动性的特征。

## 5.2　光路选择与最速曲线模型

### 5.2.1　光路选择模型

光在各向均匀介质中的传播规律，可以通过前述几何光学的几个基本原理来完全确定。光在不均匀介质中传播时，光路会发生怎样的改变？研究这一问题往往更具有普遍的意义。为此，我们需要思考并回答这样一个问题：光由任一种介质中的一点$A$至另一种介质中的一点$B$，是沿着怎样的路径传播的？费马原理指出：光沿着所需时间为极值的路径传播。

费马原理具体内容是怎样的？在下文中我们做出详细的解释与推理。

1661年，费马将数学家赫里贡提出的数学方法用于解决折射问题，最终验证了折射定律并得出了著名的最短时间原理，即费马原理。我们先来了解费马利用数学方法推导折射定律的过程。

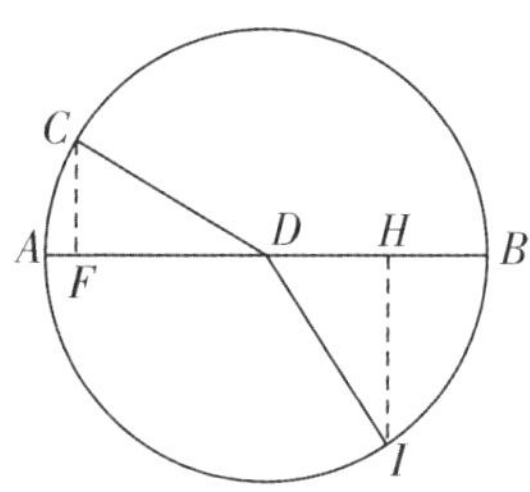


图5-3　费马推导折射定律图

假设图5-3上层为光疏介质，光速为$v_i$，下层为光密介质，光速为$v_r$。光从$C$到$I$所需要的时间为：

$$\frac{CD}{v_i}+\frac{DI}{v_r}$$

令$FD=x$，$FH=e$，则

$$\frac{CD}{v_i}+\frac{DI}{v_r}=\frac{\sqrt{CF^2+x^2}}{v_i}+\frac{\sqrt{HI^2+(e-x)^2}}{v_i}=\text{最小值}=M$$

将以上的公式对$x$进行微分：

$$\frac{\mathrm{d}M}{\mathrm{d}x}=0$$

就可以得出：

$$\frac{\sin i}{v_i}-\frac{\sin r}{v_r}=0$$

因此我们就可得到折射定律的表达式：

$$\frac{\sin i}{\sin r}=\frac{v_i}{v_r} \tag{5-1}$$

从以上的分析过程我们可以看出，费马在进行论证时已经采用了极值的思想，即光在经过不同的介质时所走的路线是耗时最短的路线。那费马原理这一结论的论证过程又是怎样的呢？我们一起来看。

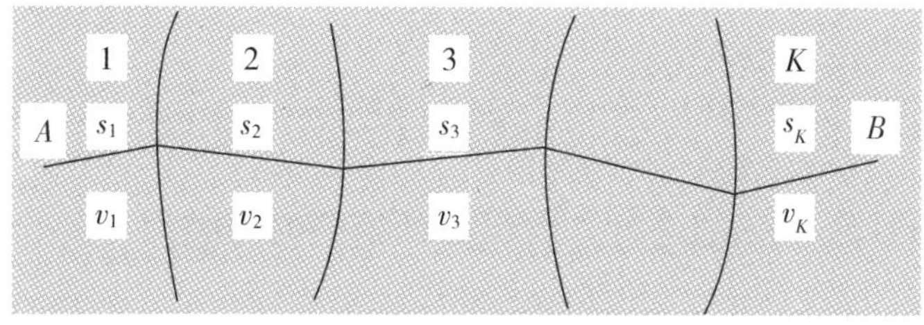


图5-4　费马原理推导用图

如图5-4所示，光在1，2，3，…，$K$等均匀介质中的传播速度分别为$v_1$，$v_2$，$v_3$，…，$v_K$，在各介质中光路程的几何长度分别为$s_1$，$s_2$，$s_3$，…，$s_K$。于是光从介质1中的$A$点到介质$K$中

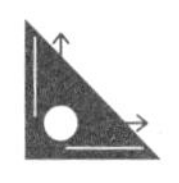



的$B$点所需的时间为：

$$t = \frac{s_1}{v_1} + \frac{s_2}{v_2} + \frac{s_3}{v_3} + \cdots + \frac{s_K}{v_K} = \sum_{i=1}^{i=K} \frac{s_i}{v_i}$$

已知第$i$介质的折射率$n_i=\frac{c}{v_i}$，因此上式可以推理为：

$$t = \frac{1}{c}\sum_{i=1}^{i=K} n_i s_i$$

其中乘积$n_i s_i$是光在第$i$介质中的光程。

如果在$A$到$B$的空间内存在着折射率连续改变的介质，那么我们就可以将光路的不断折射近似为一条曲线，如图5–5所示。

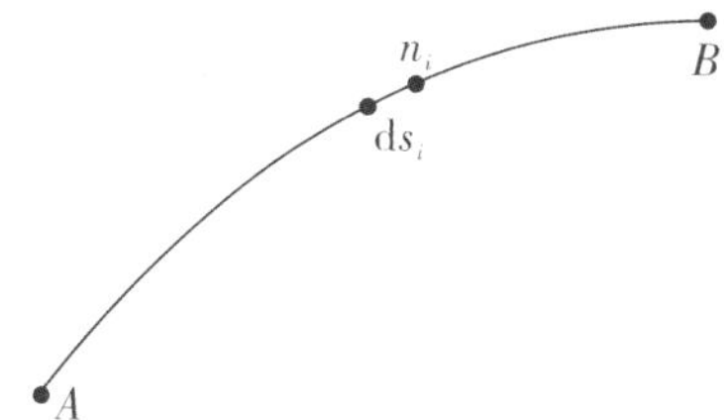


图5–5　不断折射的近似曲线图

在这种情况下计算$A$到$B$的光程，要将曲线$AB$分成若干线段元$\mathrm{d}s_i$，我们将每一线段元的折射率设为$n_i$。$A$到$B$的$\mathrm{d}s_i$对应光程$\mathrm{d}l=n_i\mathrm{d}s_i$，因此，$A$到$B$的总光程为：

$$l = \int_A^B n\mathrm{d}s$$

积分沿光路$AB$进行。由$A$到$B$所需要的时间为：

$$t = \frac{1}{c}\int_A^B n\mathrm{d}s$$

根据变分法的原理，$t$的极值条件是上式的定积分的变分为零。即

$$\delta t = \delta\left(\frac{1}{c}\int_A^B n\mathrm{d}s\right) = 0 \qquad (5\text{–}2)$$

光在真空中的速度是一个常数$c$，所以上式又可以进一步简化为：

$$\delta l = \delta\int_A^B n\mathrm{d}s = 0 \qquad (5-3)$$

（5–2）和（5–3）两式都是费马原理的数学表达式。根据以上的推理过程，我们可以这样理解费马原理：光从空间的一点到另一点是沿着光程为极值的路程传播的。或者说，光沿光程值为最小、最大或常量的路径传播。

通过以上推理分析我们知道，费马在推导折射定律时，利用了时间极值的思想，最终得出折射定律的公式，说明光线确实是沿着耗时最短的路程传播的，这便体现出费马原理的准确性。需要明确的是，费马原理与光的反射、折射定律具有同等地位，意义重大。它是光学基本定律的推论，更是光学基本定律进一步发展的必然结果。费马定律很重要的一点在于极值思想的应用，这也与接下来我们将要解决的最速曲线问题有着高度相似之处，费马原理与最速曲线两者之间极高的相似性，可以帮助我们更好地类比费马原理的推导过程，以此解决最速曲线问题。

### 5.2.2 最速曲线模型

最速曲线问题，最早由物理学家伽利略于1630年提出。他曾思考：当一个球从同一个高度的斜坡滚下时，哪种坡会使小球滚得最快？如图5–6所示，两点间线段最短，但却不是最快路线。伽利略也曾猜测最快路线可能是个圆弧，但事实并非如此。

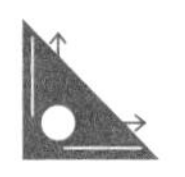



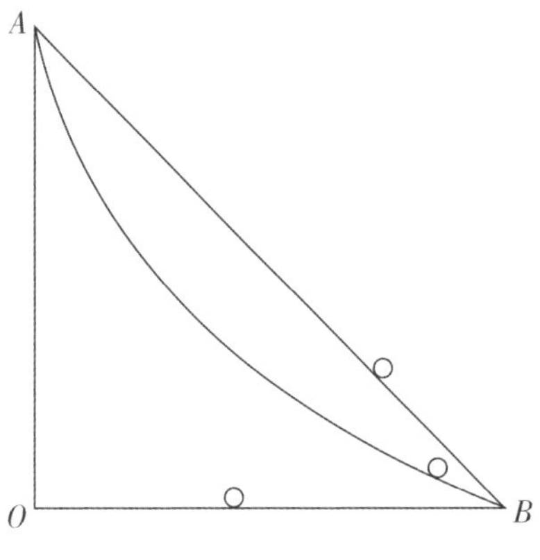


图5-6 最速曲线小球示意图

1696年瑞士数学家约翰·伯努利重提伽利略最速曲线问题，并向全欧洲数学家提出公开挑战。他将问题描述为：设$A$和$B$是竖直平面上不在同一条竖直线上两点，在所有连接$A$和$B$平面曲线中求出一条曲线，使仅受重力作用并且初速度为零的质点从$A$点到$B$点沿这条曲线运动时所需时间最短。最后约翰·伯努利收到5个人的正确解法，除本人外，还包括莱布尼茨、雅各布·伯努利（约翰·伯努利哥哥）、洛必达和牛顿。他们的解法各不相同，下面我们主要来看约翰·伯努利利用费马原理的求解过程。

约翰·伯努利将最速曲线类比为光的折射路径并利用费马原理的基本概念。约翰·伯努利认为费马原理更准确的称谓是“平稳时间原理”：光沿着所需时间为平稳的路径传播。所谓“平稳”是数学中微分概念，可以理解为一阶导数为零。由于光的折射公式“实现”光线最快路径，类比来看，如图5-7所示，小球滚下斜坡的最速曲线，可以模拟为光在一连串不同介质中折射，以令小球总是沿着尽可能快的路径运动。

图5-7 光在一连串不同介质中折射示意图

假设这个介质有$n$层，运用极限思维，如果$n$无限增大，即每层介质厚度无限变薄，折线无限增多，无数次折射路径的形状就无限趋近最速曲线，折线每一段趋向于曲线切线，如图5-8所示。

图5-8 最速曲线示意图

如此一来，利用光的折射等公式进行计算，就可以求出最速曲线公式化表达。具体的解决过程如下。

质点在下落的过程中，重力势能转化动能：

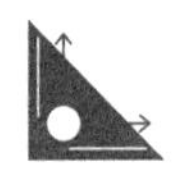



$$\frac{1}{2}mv^2 = mgh$$

因此，质点的速度：

$$v = \sqrt{2gh}$$

我们可以看出，质点的速度与下落的高度的平方根成正比，如图5–9所示。

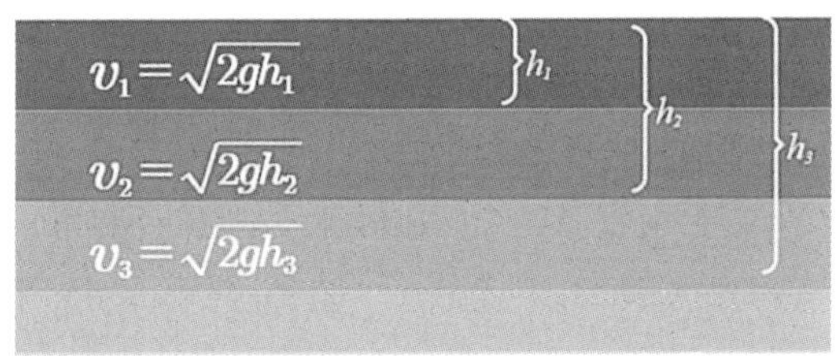


图5–9　质点的速度与下落的高度

将下落的曲线比作光线，光线穿过无限多的介质时，每时刻的入射光线即最终曲线在该时刻的切线如图5–10所示。

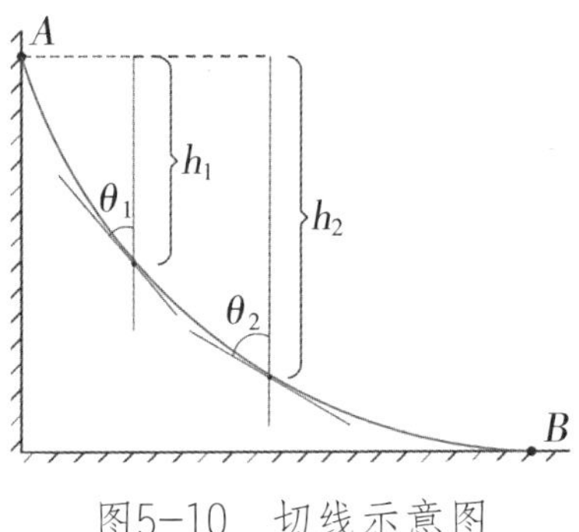


图5–10　切线示意图

根据式（5–1）的折射定律$\frac{\sin i}{\sin r}=\frac{v_i}{v_r}$得：

$$\frac{\sin\ \theta_1}{\sqrt{2gh_1}}=\frac{\sin\ \theta_2}{\sqrt{2gh_2}}$$

这说明下落过程中$\sin\ \theta/\sqrt{h}$是定值，因此最速曲线是保持切线和竖直线夹角正弦与下落高度平方根比值为定值的曲线。约翰·伯努利在得到这一点的证明后，直接认定该曲线就是摆线，后续经过证明该曲线确为摆线，这便体现出约翰·伯努利惊人的数学敏锐度。

以上是费马原理的极值思想在最速下降曲线中的应用。最速曲线模型也能够给我们许多启发：最短的路径不一定到达得最快，找准的路径看似较远，但是也不一定会落后抵达；就像我们的学习生活，不是所有的捷径都会最快，只要敢于出发，即使落后也会成功。

## 5.3 光谱与光聚焦

光的色散我们并不陌生，在物理教材中也多次出现。但是最初物理学家研究色散问题时并不轻松。关于色散，最引人注目的是彩虹现象。13世纪时，科学家们对彩虹的成因就展开了研究。德国传教士西奥多里克（Theodoric），用阳光照射装满水的大玻璃球壳，观察到了彩虹，并以此说明彩虹的形成是由于空气中水珠对太阳光反射和折射。但受亚里士多德思想的影响，他仍认为不同颜色的产生是光受到了不同的阻滞。

笛卡儿对彩虹现象也颇有兴趣，对于西奥多里克的论述他曾用实验来检验。他在他的《方法论》（1637年）一书中介绍了他做过的棱镜实验，如图5-11所示。

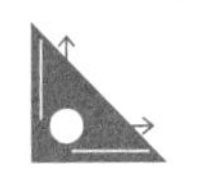



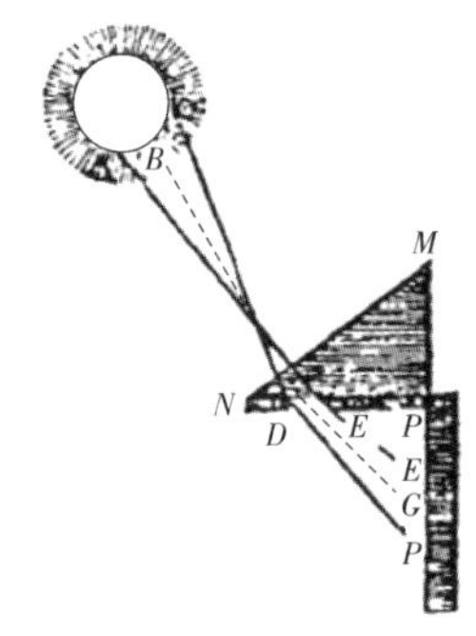


图5-11 笛卡儿棱镜实验

他用三棱镜将阳光折射后投在屏上，发现彩色光的产生并不是由于光进入媒质深浅不同所造成。因为在实验中他发现，无论光照在棱镜的哪一部位，折射后屏上的光现象都是一样的。遗憾的是，笛卡儿的接收屏离棱镜太近（大概只有几厘米），这导致他没有观察到太阳光色散后的整个光谱，只观察到了一个两侧呈蓝色和红色的光带。

1648年，布拉格的马尔西用三棱镜成功观察到了光的色散，遗憾是他给出了错误的解释。他认为红色是浓缩了的光，蓝色是稀释了的光；之所以会有五颜六色的光出现，是因为光受到了不同物质的作用。

17世纪望远镜、显微镜问世，伽利略运用望远镜观察天体星辰，胡克用显微镜观察微小物体，科学在这一时段飞速发展。然而，令许多科学家不解的是，为什么许多放大的图像边缘会出现颜色？这和彩虹是否有共同之处？这类现象有什么规律性？怎样才能消除？喜欢光学实验的牛顿同样对这些问题有着强烈的兴趣。牛顿从笛卡儿等人的著作中得到许多启示，例如：笛卡儿指出运动慢的光线比运动快的光线折射得更厉害；胡克借助肥皂泡颜色的变化，认为不同颜色的光是光脉冲对视网膜留下的不同印象，红色和蓝色是原色，其他颜色都是这两种颜色的合成。牛顿则辩证地接受了这些说法。他借鉴笛卡儿棱镜实验、胡克和玻意耳的分光实验，将接收屏与棱镜之间的距离扩展为6~7 m，从室外经洞口进入的阳光经过三棱镜后直接投射到对面的墙上。这样，他就观察到了展开的光谱。牛顿的高明之处就在于他已经意识到不同颜色的光具有不同的折射性能，只有拉长接收距离才能清晰地分解开不同折射角的光线。为了证明自己提出的不同颜色的光具有不同的折射性能这一想法，牛顿用棱镜做了如下实验：他将三个完全相同的棱镜以不同方式进行放置，如图5-12所示。

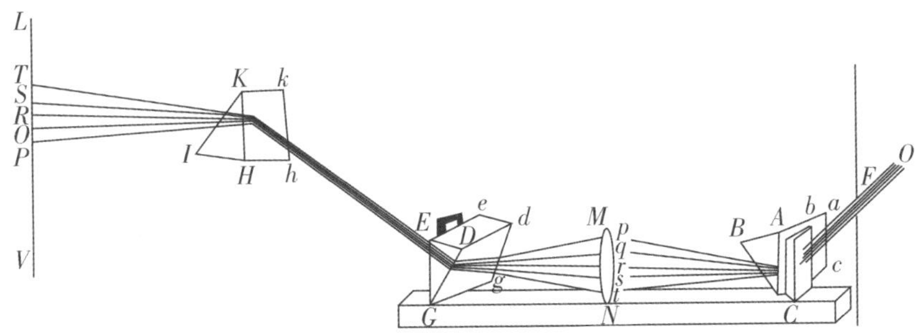


图5-12 牛顿的三个棱镜实验示意图

倘若颜色的分散是由于棱镜的不平或其他偶然性造成的，那么第二个棱镜和第三个棱镜就会增加这一分散性。通过实验，牛顿观察到，经第一棱镜分散后的各种颜色的光，在经过第二个棱镜后又还原为白光，形状和原来一样，当其经过第三个棱镜后，又分解成各种颜色的光。牛顿这一实验现象和当时流传上千年的观念是格格不入的。他预料到科学界会对这一

实验结果做出反对，于是又进行了一个很有说服力的实验——“判决性实验”，如图5-13所示。

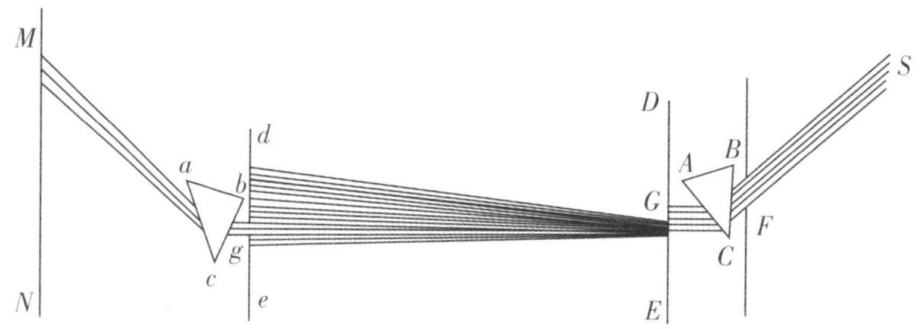


图5-13　牛顿的判决性实验

他将两个带有小孔的$de$、$DE$木板分别放置在两个相同的三棱镜之间，两块木板相距4 m，其中$DE$木板放在窗口$F$处，紧贴$ABC$棱镜，$de$木板则靠近$abc$棱镜。光从$S$平行进入窗口$F$后经$ABC$棱镜折射穿过$DE$木板上的小孔$G$，分解为各种颜色光。这些光以不同的角度射向另一块带有小孔$g$的木板$de$后，进入三棱镜$abc$，使穿过小孔$g$的光再折射后抵达墙壁$MN$。牛顿缓缓旋转棱镜$ABC$，使不同颜色的光相继穿过$g$到达三棱镜$abc$。实验结果是：被第一块棱镜折射得最厉害的紫光，经第二块棱镜也偏折得最多。由此可见，白光确是由折射性能不同的光组成。

在色散实验的基础上，牛顿总结出了几条关于光的规律：

①光线折射率不同，光的颜色也不同。颜色不是光线的一种可改变的状态，而是光线原来的、固有的属性。

②同一颜色（光线）属于同一折射率，不同的颜色（光线），折射率不同。

③光线颜色的种类和折射的程度是光线所固有的，不会因

折射、反射或其他任何原因而改变。

④必须区分两种颜色，一种是原始的、单纯的色，另一种是由原始的颜色复合而成的色。

⑤本身便是白色的光线是没有的，白色是由所有色的光线按适当比例混合而成。

⑥由此可解释棱镜形成各种颜色的现象及彩虹的形成。

⑦我们看到的自然物体的颜色是由于对某种颜色的光的反射大于其他光的反射的缘故。

⑧把光看成实体有充分根据。

牛顿关于光和颜色的理论对当时人们的认知形成了巨大冲击，因此质疑声不断。有人认为牛顿的光谱实验没有考虑到太阳本身的张角，有人主张光谱变长是一种衍射效应，还有人提出可能是天空中云彩的反映。胡克则明确指出牛顿的实验不具有判决性，且无法解释薄膜的颜色。为此，牛顿在几年后又通过一个实验来证明自己结论的正确性，驳回了部分质疑的声音。牛顿使用一只长而扁的三棱镜，使它产生极狭窄的光谱。实验示意图如图5-14所示。将接收屏放在位置1处，观察到普通白光，但改变接收屏的角度，放置于位置2，就可以看到清晰的分解光谱。

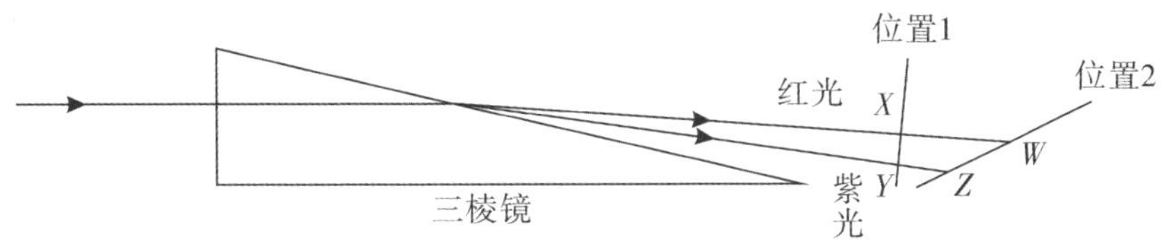


图5-14 扁长三棱镜分光实验

牛顿这种批判性思维值得我们学习，同时他对实验一丝不苟的精神也值得我们学习。牛顿有一句名言："不作虚假的假设。"他对光学的研究正是基于观察和实验的归纳综合，他对色散的研究为后人树立了光辉的样板，这便是光谱学的历史开端。此后越来越多的学者致力于光谱的研究，例如夫琅禾费编制的太阳光谱、基尔霍夫对光吸收和发射的深入研究、埃格斯特朗对氢光谱的研究等，都极大地推动了物理学的发展与进步。

## 5.4 光的粒子模型

牛顿作为一个提起就会令人神往的伟人，是因为他对物理学的发展做出的巨大贡献。牛顿不仅在力学上有无与伦比的造诣，在光学领域也大放光彩。牛顿时期，人们对光的几何性质的认识已大体成熟，因此牛顿便在这样的基础之上着手于光的亮度与颜色问题的研究。1666年，通过暗箱实验，使光透过棱镜，牛顿观察到了光谱，由此得出结论：白光是由各种色光混合而成的，各种色光在玻璃中受到不同程度的折射而被分解成许多组合部分。为了证明自己这一结论的正确性，牛顿又通过第二个棱镜，使"分散的色谱"又汇聚成白光。这说明了光在分解的过程中，分解出了不变的东西，即组成白光的各种色光。牛顿认为这些色光都有自己的折射率，由此解释了虹生成的原因，即虹是由落下的微小水滴对太阳光的折射形成的。牛顿指出了伽利略望远镜的不完善之处并加以改进，1668年他制作出了第一架放大倍数约为40的反射望远镜（图5–15）。

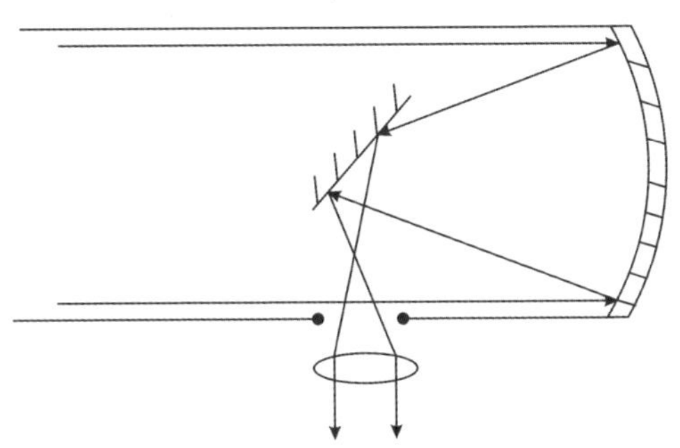

图5-15　第一架反射望远镜示意图

1672年，牛顿又制作了一架更大的反射望远镜（现珍藏于英国皇家学会）。牛顿发明反射望远镜后，并没有停滞不前，他进一步深入研究光的本质问题。他观察了胡克的肥皂泡薄膜的干涉条纹，通过实验，利用平凸透镜和平面玻璃，发现了一系列明暗相间的光圈“牛顿环”。在一系列的实验以后，牛顿又根据光沿直线传播的性质，提出了光是微粒流的理论。

牛顿认为微粒来源于光源，这些微粒在真空或均匀介质中做匀速直线运动，不同颜色的光是由不同微粒构成的，混合后则变成白光，并进一步解释了衍射现象，光线通过物体的边界后，微粒流间的作用使光线进入几何影区。但对于干涉来说，微粒流理论则解释不通。仍值得高兴的是，关于光的本质研究，至此又多了一种理论模型。不得不说，人们从古至今总是在追求真理的道路上越走越远。

## 5.5　光的波动模型

波动现象的第一个重大发现应是意大利波伦亚的耶稣会学院教授格里马第发现的衍射现象。他用一束光照射细杆，发现

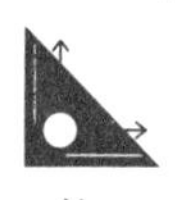



细杆的影子相较于几何计算的数据来说要宽出许多，并伴有几条相邻色带。若光线很强，色带则会进入影子中。另外用小孔代替细杆时，格里马第发现会有相同的结果。这些现象足以证明光线可以绕过障碍物前进。当他用两个小孔进行实验时，发现两束光相加并不总是亮度增加，从而发现了光的干涉现象。格里马第将光比作是一种流体，并将其与水波比较。不过非常可惜的是，这些重大的发现与结论在他死后才得以出版在一本名叫《关于光、色、虹的物理数学》（1665年）的书中。

大体在同一时期，另一名走在研究前沿的英国科学家也发现了光的衍射现象，他便是胡克。与格里马第不同的是，胡克还对肥皂泡和其他薄膜以及云母片等在光的照射下的干涉现象进行更深入的研究。在这样的研究基础上，胡克进一步提出了光具有波动性质。他认为光是一种振动，并且这种振动不是来自发光体的振动，在均匀介质中，这种振动“必形成一个球面，这个球面将不断增大，如同投石入水后引起的越来越大的环形波一样”。其实，早在1637年，笛卡儿就在其《光学》一书中论及光的本性问题。他认为，光在本质上是一种压力，从物体发出的光通过完全弹性的、充满空间的媒质——以太，向四面八方传递。笛卡儿还强调光速的无限性，认为光传播不需要时间。但是，笛卡儿在推导和解释折射现象时，却用了光是由无数微粒组成的假设。由此看出，人们对光的认识仍是处于混乱不稳定的一种局面。虽然胡克对光的波动性做出了进一步的描述，但是对于光的传播方式，他仍将光的振动看成是一个一个的“脉动”，而不是具有一定长度的波列。

随着人们对光的研究的进一步加深，1690年惠更斯在出版的《光论》一书中，认为“（光）无疑是包含着迅速运动的物质”“光线向各个方向以极高的速度传播，……光射线在传播中相互穿过而相互毫不影响”，因此“当我们看到发光物体时，绝不可能是由于诸物体有什么物质传到我们这里，好像一粒子弹或一支箭穿过空气那样”。在将光与声波、水波类比之后，他认为“光同声一样是以球面波传播的，这种波同把石子投在平静的水面上时所看到的波相似”，并进一步提出了著名的惠更斯原理：光振动所达到的每一点，都可以视为次波的振动中心，次波的包络面为传播着的波的波阵面。在这一原理的基础上，惠更斯利用绘制波前图的方法很好地解释了光的反射与折射现象。

如图5-16所示，当光的一个波阵面（$AB$）照射到水面（$AC$）时发生折射，同时水面上的每一个点又构成一个新的小波，将每一个小波依次绘出，它们的交点会形成一个新的波阵面（$DC$）。位于波阵面上的小波则会被加强，产生可感觉的效果。如果光在空气中的速度大于在水中的速度，则水中的小波的半径要小于空气中小波的半径，因此折射光线会更接近于法线。另外，惠更斯提出的原理恰巧很好地解释了丹麦科学家巴塞林那斯于1669年发现的冰州石晶体的双折射现象。同时惠更斯在研究双折射现象时又发现了光的偏振现象。

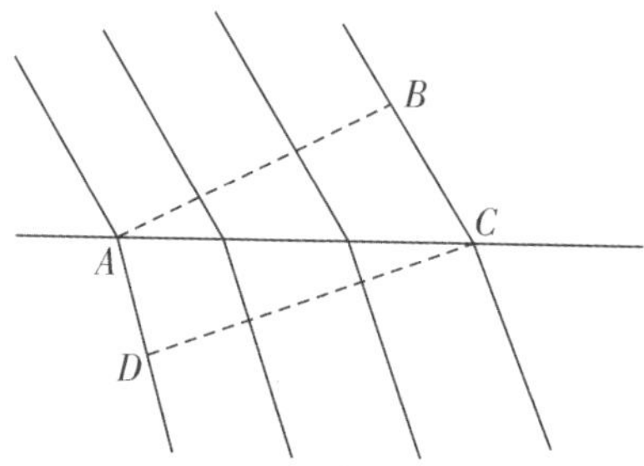


图5-16　惠更斯的波前图

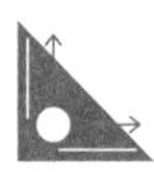



至此，光学界便拥有了较为成功的关于光的波动理论，但是在当时的环境下，这一理论却很难做到完善。它没有提到光的周期性，并且将光波简单看成是和声波一样的纵波。因此，在解释干涉、衍射现象以及偏振现象时，惠更斯的理论遇到了极大的困难。令人高兴的是，在众多科学家的努力下，人们对光的认识，从一开始的表面上的认识，到惠更斯时期的波动说，实现了一个伟大的飞跃。从此，光波动理论或者是说光波动模型逐渐走向成熟。

## 5.6 粒子和波的自然选择

微粒说与波动说都取得了各自的成就，都能够解释一些自然现象，但光的本质是什么，当时光学界的两大流派展开了激烈的辩论。围绕光是什么这一问题，争辩了200多年。尽管两者在一些光的现象上可以做出恰当的解释，但是两个理论都有着共同的缺点，那便是不够完善。

牛顿反对惠更斯等人的波动理论，他的理由是：光的波动说不能很好地解释光的直线传播这一最基本的事实，也不能解释偏振现象，波动说还要借助于人们还不知道的媒介——以太。牛顿在其《光学》中写道："反对天空为流体媒质所填满的主张的最有力的理由，在于行星和彗星在天空中各种轨道上的运动都是那样的有规则和持久。因此很明显，天空中没有任何可观察到的阻力，所以就没有任何可观察的物质"，"由于它是没有用处的，而且妨碍自然界的行动并使它衰退下来。所以它的存在是没有根据的，从而应该被抛弃。如果把它抛弃，那么光是在这样一种媒质中传播的压力或运动的这种假说，也就和它一起被抛弃了”。

值得一提的是，牛顿当时也不确定“以太”存在与否，虽然反对波动说，但他也并非完全否定光的波动性。可能这就是他与常人的不同之处。牛顿为解释光的干涉现象提出的所谓“猝发理论”认为：“每一光线通过任何折射面时，都形成一定的过渡性的结构状态。在光的传播中，这种状态每隔相等的间隔就复发一次，并使光线每次复发时易于透过下一个折射面，在两次复发之间，光线则易于从下一个折射面上反射。”牛顿又说：“光线在每一个复发和下一个复发所通过的空间，称之为‘发作的间隔’。”从以上看出，牛顿对光的解释已经大体与我们现在所熟知的波长、周期等概念相类似。奈何科学家也有钻牛角尖的时候，他仍是义无反顾地坚持光的微粒说而反对波动说。牛顿曾这样表示过：惠更斯是一个很好的力学家、天文学家，但他不是一个光学家，惠更斯的波动说足以使他名声扫地。由于牛顿在学术上的权威和人们容易接受传统的粒子概念，加之当时波动说还存在着许多缺陷，微粒说便占了统治地位。大多数科学家接受微粒说，而对波动说不予理睬，这也使得光学在整个18世纪几乎没得到发展。

不管微粒说如何流行，作为能够解释一定光现象理论的波动说仍被一部分人所坚持。从19世纪开始，大量的实验事实说明了光的波动性，给予光波动这一理论模型强有力的支撑。到19世纪末波动说逐步发展成为较完整的理论体系。接下来我们一起来看哪些著名的实验为波动光学的复兴提供了强有力的支撑。

第一个为波动理论复苏做出贡献的是英国科学家、医生托马斯·杨（1773—1829）。1801年托马斯·杨在皇家学会宣

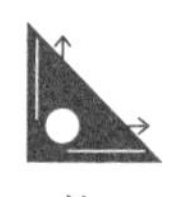



读了关于薄膜颜色的论文，用光的波动性质解释了牛顿的彩色光环以及衍射现象。他首次提出了“干涉”一词并做出解释：当不同起源的两个波动的方向完全重合或者非常接近时，它们的联合效应是各运动的组合。然后又通过著名的双缝干涉实验得出干涉条件：同一束光的两个不同部分，以不同的路径要么完全一样地、要么在方向上十分接近地进入眼睛，在光线的路程差是某个长度的整倍数的地方，光就越强，而在干涉区域中间状态，光将最强；对于不同颜色的光来说，这个长度是不同的。托马斯·杨还第一次成功测定了光的波长。但是由于时代的局限性，托马斯·杨的工作并没有得到重视，甚至还被一些政治学家批判为“没有任何价值”“荒唐”“不合逻辑”的谬论。

当一种声音向世俗发出挑战时，往往会吸引到别的东西来支持自己。在托马斯·杨的工作之后，法国物理学家菲涅耳又为光的波动理论增添了新的光彩。菲涅耳认为，光的振动是一种连续介质——以太的机械运动。菲涅耳把惠更斯原理与托马斯·杨的干涉原理相结合，指出：在任何一点的光波振动可以看作是在同一时刻传播到那一点上的光的元振动的总和，这些振动来自所考察的波的以前位置未受阻拦的所有部分的作用。这就是惠更斯-菲涅耳原理。这一原理不仅能解释光的直线传播性质，而且对光的衍射也能给出很好的说明。菲涅耳还提出了把波振面分解为波带的近似计算方法，并用于直边衍射和圆孔衍射，得出与实验完全符合的结果。1818年法国科学院进行悬赏征文竞赛，竞赛的本意是鼓励用微粒理论解释衍射现象做更深入的探讨，但征文的奖金最后授予了在那个时代多数人不承认的，以波动理论为基础的菲涅耳。

紧接着光的波动说的支持者的呼声越来越高，他们犹如破土而出的嫩芽，拼命地大口地呼吸着新鲜的空气。1808年马吕斯发现反射光的偏振现象，他与菲涅耳以及阿拉果合作，共同研究光的干涉。经过一系列的实验，他们得出：偏振方向上相互垂直的两条光线根本不发生干涉。这与惠更斯提出的光为纵波的假设相悖，因此，为了解决这一问题他们又进行了各种假设与思考，但未取得进展。最终托马斯·杨于1817年提出另一种假设："以太"的振动是横向的，也就是光是一种横波。1819年菲涅耳与阿拉果在托马斯·杨这一假设的基础上，得到了相互垂直的偏振光不互相干涉的证明，同时他们在1816年的实验结果也成为托马斯·杨这一假设的最早的实验证明。

至此，光的波动理论模型既能说明光的直线传播，也能解释光的干涉与衍射，同时光是一种横波的假设也被证明，完美地解释了光的偏振现象。波动说"活了"！但仍需要思考的是"以太"究竟是什么？有没有这种物质？以及光现象与其他物理现象之间有什么联系？这些问题在当时仍是一种谜。

事物之间的联系是人们经常思考的问题，特别是一些蓬勃发展的理论逐步走向成熟时，人们便会去想这个理论和别的东西有什么关系，这是个非常具有挑战性的问题。

1845年，法拉第第一次揭示了电磁现象和光的内在联系。他发现强磁场能够使透明体中光的偏振面发生偏转。随后，德国的韦伯和科尔劳施（1809—1858）在1856年发现电荷的电磁单位与静电单位的比值等于光在真空中传播的速度。这些发现进一步说明光学和电磁学在某种意义上存在关系。1850年，法国物理学家傅科制成了一种测光速的旋转镜装置，并成功地测出光在空气中和水中的速度，他将两者做比较，得出了一个颠

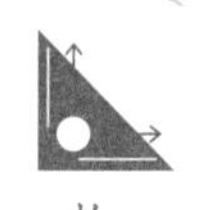



覆微粒说的结论，即光在密媒质中的传播速度要小于在疏媒质中的速度。1865年麦克斯韦在前人经验的基础上，总结出了著名的电磁场理论，证明了电场与磁场在“以太”中传播，同时指出电磁波的传播速度即为光速。这一理论在1888年被赫兹所证实，赫兹还证明了电磁波同光一样具有反射、折射、干涉、衍射和偏振的现象。这一伟大的结论又使得人们对光的认识向前迈进了一大步——光波就是电磁波。

至此，光的波动理论的最后一个问题就只剩“以太”这个谜了。最终科学家们通过大量的工作证明，所有寻找“以太”的想法都是徒劳的。电磁波在空间的传播根本不需要“以太”的存在，它能够自由地在空间内传播，而我们所看到的光，仅仅只是一定频率范围内的电磁波而已。

1896年荷兰物理学家洛伦兹创立了“电子论”。他认为当有外力作用时，电子振动产生的光辐射通过介质，且介质中电子的固有频率与外场频率相同时，束缚电子则成为吸收体。这一理论解释了物质发光与吸收光的现象，同时也对光的色散进行了一定程度上的解释。但是，洛伦兹的这一理论却无法解释在1887年自己发现的“光电效应”这一现象。俄国科学家斯托列托夫在1888年通过实验发现：为产生光电流，电极必须吸收光。如果把光只看作是一种波动，那么斯托列托夫的实验结果是无法进行解释的。从以上可以看出，19世纪末人们对光的认识与研究虽然进行了许多的工作，其中也不免发生许多争辩，也获得了非常可观的结果，但是对于光的本性来说，人们仍需要有更深的认识与探索。

科学的发展总是逐步深入，逐步接近客观真理的，这也是人类认识客观规律的必然。20世纪初期，现代物理得到迅速发展，对于19世纪遗留的问题也做出了很好的解释。1900年德国物理学家普朗克对黑体辐射问题大胆地提出了量子假说，他认为辐射的能量是一份份的，而不是连续分布的。这个假说打破了能量连续分布的传统观念，给整个物理学带来全新的概念。光学的进一步发展，正是建立在量子理论的基础上。当大于一定频率的光照射到某些金属表面时会有电子逸出，对于此现象，爱因斯坦在普朗克量子假说的启发下，于1905年提出了光量子假说。他认为电磁波本身的能量也是不连续的，即认为光本身就是由一个个不可分割的能量子组成。与牛顿微粒说不同的是，爱因斯坦的光子与光的频率相联系，这说明了光具有两重性，即粒子性和波动性。当光传播时，显示出光的波动性，产生干涉、衍射、偏振等现象；当光和物体发生作用时，又显示出它的粒子性。这便是光的波粒二象性。此后光量子理论被康普顿所证实，并指出一切微观客体都具有波粒二象性。至此，人们对光的认识才清晰起来，才算是对光有了较全面的了解。今天，我们仍使用着光的波粒二象性这一理论模型，继续探索着自然界中的未知秘密。

6

# 近现代物理学模型

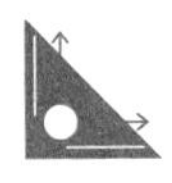



## 6.1 从天体运动到原子结构模型

“月亏月满皆有迹，众星望阳也排行，宇宙天体遵规序，人间世事却无常”这是一首关于天体的现代诗，很巧的是第三句提到了宇宙天体是遵循一定的规律运行的。那么宇宙间日月星辰的运动遵循着怎样的规律呢？这些规律是如何发现的？而天体的运动与物质之间似乎有着不可分割的联系。对于天体问题以及物质本原的思索往往看作人类踏入科学世界的标志，也就是说，当人们开始关注这些问题并针对这些问题做出某一方面的探索与安排时，科学的大门便慢慢向人类打开了。

在我国古代的一些著作中，处处充满着“天人合一”的哲学思想。当时的社会背景导致人们缺乏科学思维，人们也往往只习惯于用一些简单、浅显的方式去进行思考，这也使得人们容易产生神化的思维。“气成风云，声为雷霆，左眼为日，右眼为月”表明了古代人具有的那种朴素、单纯的宇宙观。公元111年，东汉著名天文学家张衡在其担任太史令一职时，发明了浑天仪、候风地动仪，并撰写了《灵宪》《浑天仪图注》等著作。在书中他曾指出：“浑天如鸡子，天体圆如弹丸，地如鸡中黄，孤居于内，天大而地小，天表里有水，天之包地，犹壳之裹黄。”这句话的意思是：天像鸡蛋一样充满水，天的形状如鸡蛋一样是椭圆的，大地就像鸡蛋中的蛋黄漂浮在天中。这便表明了张衡的天地观。同时代的古代印度人则认为，大地被四头大象驮着，站在一只巨大的海龟身上。很显然古印度这一关于天体的认识更神话，相较于这种认识来说，“鸡蛋壳”模型在当时的认知范围下更贴近现实一些。西晋时期，中国古人的认识在基于对生活现象的进一步观察之后变得更为深刻一些。《抱朴子》中记载的“游云西行，而谓月之东驰”描述的是月亮与云朵之间的相对运动。这在一定程度上反映出古人对于天体运动所显现出来的现象的观察。西汉时期的《尚书纬·考灵曜》中记载“地恒动不止，人不知，譬如人在大舟中，闭牖而坐，舟行而不觉也”。这句话的意思是：在封闭的系统内，人们很难判定系统本身是否在运动。与这一论述类似的则是伽利略在《关于托勒密和哥白尼两大世界体系的对话》中提出的相对运动的结论。从时间这一维度来看的话，我国古代关于相对论的研究比西方国家早了接近1000年！我国古代对天体运行的发展也做出过很大贡献，只是由于科学发展处于萌芽时期，除了在表述上存在不全面、不严密的问题外，还缺乏定量研究和理论分析。

国外关于天体的认识与研究也是经历了一系列波折，但整体来说还是平稳前进的，其很大的一个优势在于后人能够将前人的研究成果很好地继承下去并加以分析改进，从而获得与现实更符合的结论。在天体研究方面，他们的努力是相互的，并且发展是连续的，是一种慢慢从雏形到成熟的认识。

最早尝试说明天体运动规律的，是公元前4世纪古希腊学者柏拉图。他指出：“天上的星体代表着永恒的、神圣的、不变的存在，因此它们肯定沿最完美的轨道以最完善的方式运动。最完善的运动是匀速圆周运动，因此它们一定是围绕着地球做匀速圆周运动的。”但是，实际观察到的少数天体并不是做圆周运动，而且也不是匀速的，甚至有时是逆行的。图6-1就是观察到的一次火星的逆行情况，从9月1日到11月1日记录的位置可以看出，这段时间内火星的反方向运动。

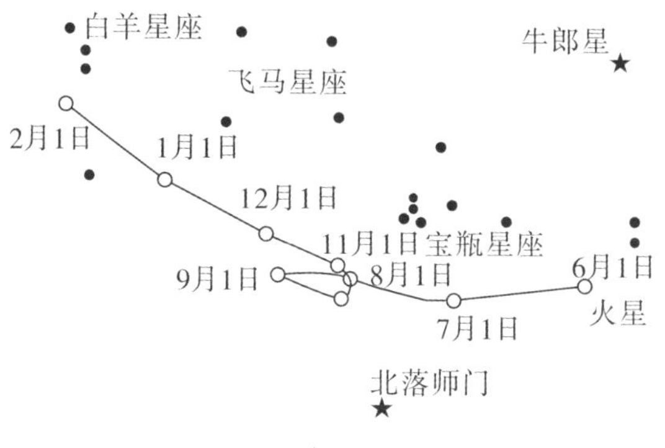


图6-1 火星逆行图

对此，柏拉图认为，这些不规则运动必定是一些完整的匀速圆周运动按某种方式组合的结果。于是，他向他的学生布置如下的任务：如何通过圆周运动的组合，说明观察到的太阳、月球以及行星的运动。

作为柏拉图的学生欧多克斯，他首先提出地心说。为描绘太阳、月球和各行星的相对运行，他设计了27个同心球，用同心球来说明天体的实际观测到的运动，开创了球面几何学。同为柏拉图学生的亚里士多德赞同欧多克斯的同心球结构，为了更好地与观测相符，他又增加了29个同心球，使当时的地心天体结构要用56个球来描述。

对地心说做出贡献的还有阿波罗尼奥斯和希帕克。阿波罗尼奥斯假设行星沿着一个较小的称作“本轮”的圆周做匀速运动，本轮的中心沿一个称作“均轮”的圆周绕地球运动，地球位于均轮的中心是静止不动的，这样行星与地球会有距离的变化，由此可以解释行星亮度的变化和逆行现象。希帕克为了解释人们在地球上观察太阳运行时，会发现其速度有快有慢，提出太阳绕地球做圆周运行时，地球与其圆心并不重合而是有偏离，相当于一个偏心圆。经过这些改进，地心说的宇宙体系可以很好地预测日、月、行星的运行位置，能较准确地预报日食和月食。

古希腊的地心说成果到罗马时期，在天文学家托勒密的努力下，得到进一步的完善。托勒密全面地、系统地总结了以前许多天文学实践上和理论上的成就，写了《天文学大成》这部著作。托勒密在这部13卷的《天文学大成》中，分别论述了太阳系和与恒星有关的天文概念，它是对古希腊天文学成果的综合，是天文学的百科全书，有过很大的影响，在以后的一千多年的漫长时期内被奉为权威著作。托勒密在书中确立的“地心说”宇宙体系，统治着西方天文学达1300年之久。

托勒密的基本观点是“定住地球，转动太阳”。他认为，地球在宇宙中心一点都不动，太阳、月球、行星和恒星都在它们各自所属的那一圈层天球上围绕地球运行。如图6-2所示，

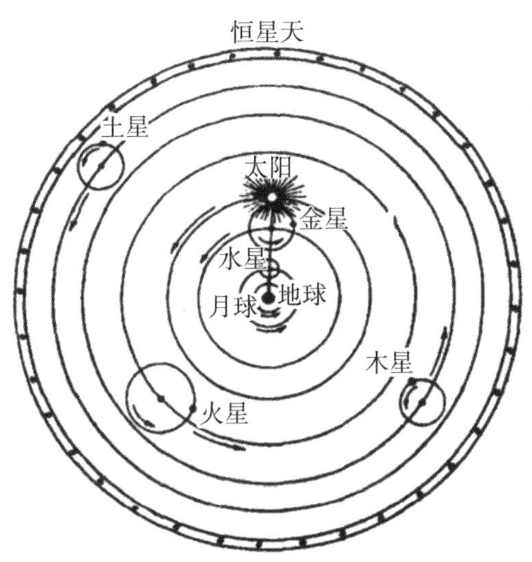


图6-2 托勒密地心说模型

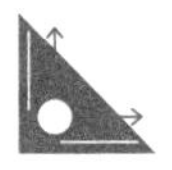



离地球最近的第一圈轨道上是月球，称为月球天；第二圈轨道上是水星，称为水星天；第三圈轨道上是金星，称为金星天；第四圈轨道上是太阳，称为太阳天；第五圈轨道上是火星，称为火星天；第六圈轨道上是木星，称为木星天；第七圈轨道上是土星，称为土星天。在托勒密的设计中，土星天以外，是第八层的所谓“恒星天”，满天恒星像宝石一般镶嵌在上面。再往外还有三个“天层”，即晶莹天、最高天（原动天）和净火天，托勒密把这三个“天层”假定是神灵居住的天堂。我们每天所看到的太阳、月球、行星和恒星的东升西落、昼夜交替现象，就是由于这些天体围绕地球旋转的结果。

当然，天体在星空中位置的变化（天文学上称为“视运动”）有时看来并不那么简单，例如，五大行星有时向东移动，有时向西移动，有的时候又好像就停留在星空中不动了。为了说明这些现象，托勒密的地心说模型采用了一套所谓本轮–均轮理论。按照这种理论，太阳、月球、行星等天体并不是简单地绕地球运转，其中月球和太阳是直接沿着“均轮”绕地球做匀速圆周运动，而水星、金星、火星、木星、土星五大行星则都有它们的“本轮”轨道，这五个“本轮”轨道的中心又沿着“均轮”绕地球做匀速圆周运动（图6–3）。

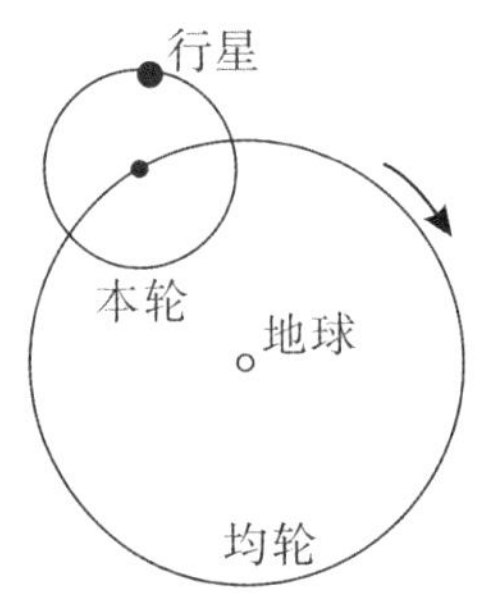


图6–3　本轮–均轮理论

当行星在本轮上转动到离地球最近的位置如图6-4中$A$点时，相对于均轮上的运动，行星是向后运动的。如果行星在本轮上的速度比本轮中心在均轮上的速度大，那我们在地球上就会看到行星的逆行运动。

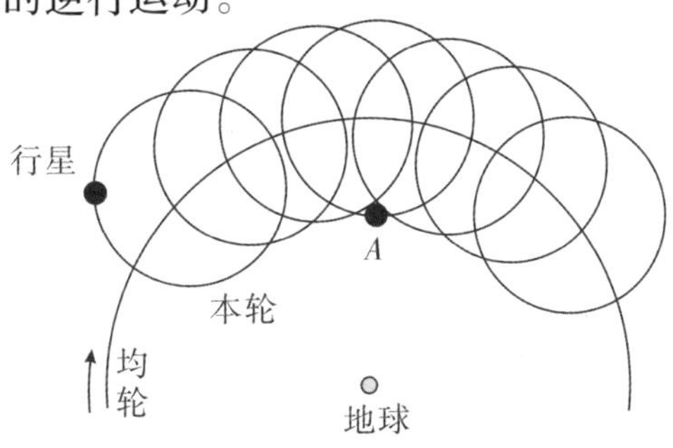


图6-4 行星逆行运动轨迹

接着，托勒密针对当时人们观察到的太阳周年运动中夏半年慢些、冬半年快些的现象，即行星在轨道上运动速度不均匀性做了解释：行星沿均轮的圆周运动中心不在地球上，而在地球外某一点$C$，如图6-5所示。行星在圆周上运动是均匀的，但在地球上看来则是不均匀的。这时行星的轨道为偏心轮。

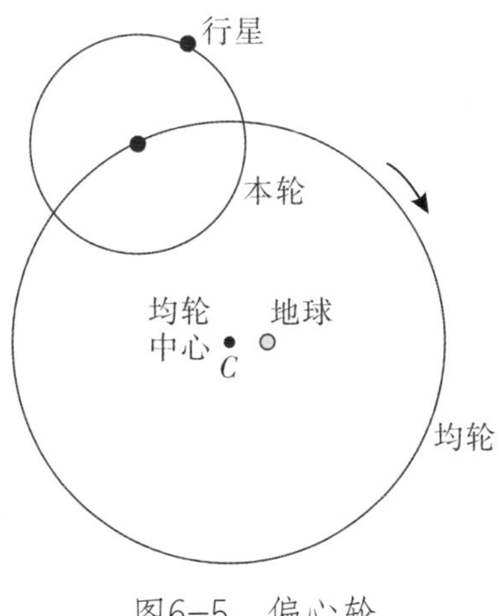


图6-5 偏心轮

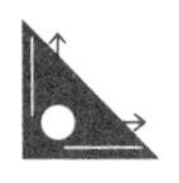



为了使理论更符合观察实际，托勒密对他的模型又做了修正：行星的运动在圆心$C$看来也不是均匀的，而在$C'$点看来才是均匀的。$C'$点和地球相对于圆心$C$是对称的，如图6-6所示。这样的圆形轨道叫偏心等距轮。

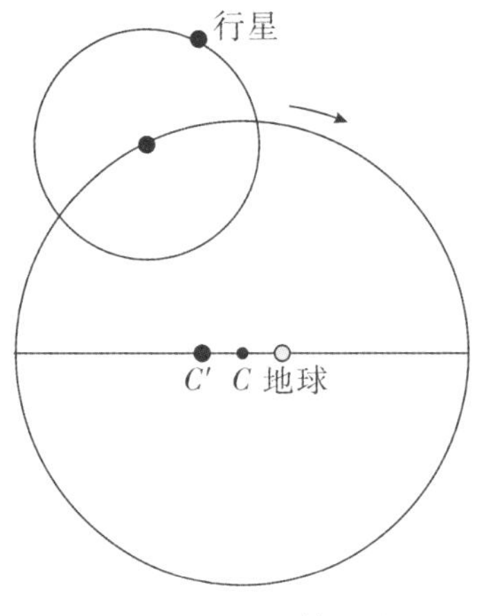


图6-6　偏心等距轮

托勒密在他提出的运动模型基础上，巧妙地选取本轮和均轮的大小比例、平面的交角以及运动的速度，通过数学计算可以预言行星的位置、日食和月食的发生。托勒密的模型迎合了人们的心愿，人类生活在宇宙的中心、稳定且坚实的地球上，这使世人更容易接受。

地心说是世界上第一个行星体系模型。尽管它把地球当作宇宙中心是错误的，但它的历史功绩不应抹杀。地心说承认地球是“球形”的，并把行星从恒星中区别出来，着眼于探索和揭示行星的运动规律，这标志着人类对宇宙认识的一大进步。地心说最重要的成就是运用数学计算行星的运行，托勒密还第一次提出“运行轨道”的概念，设计出了一个本轮-均轮模型。按照这个模型，人们能够对行星的运动进行定量计算，推测行星所在的位置，这是一个了不起的创造。

在托勒密的时代，地心说是一个非常完美的学说，在当时的观测精度下，依据这个模型可以在一定程度上比较精确地预测行星的位置。因而在一定时期里，地心说在生产实践中也起过一定的作用。但是随着科学的发展，地心说渐渐地跟不上科学发展的脚步了。地心说中的本轮–均轮模型，毕竟是托勒密根据有限的观察资料拼凑出来的，他是通过人为地规定本轮、均轮的大小及行星运行速度，才使这个模型和实测结果取得一致。

但是，到了中世纪后期，随着观察仪器的不断改进，行星位置和运动的测量越来越精确，人们观测到的行星实际位置同这个模型的计算结果的偏差就逐渐显露出来了。但是，信奉地心说的人们并没有认识到这是由于地心说本身的错误造成的，却用增加本轮的办法来补救地心说。到了哥白尼时代，那些轮子已经增加到七八十个之多，变成一个异常庞杂的系统。可是，在不断精密的天文观测面前，它依然破绽百出。事实使人们不得不怀疑，托勒密地心说一定有着根本的缺陷。

哥白尼（1473—1543）是波兰杰出的天文学家和数学家，在研究托勒密地心说模型的基础上，发现其偏心等距轮的思想违背了柏拉图的匀速圆周运动的原则。于是，从1506年起，他便开始探寻更合适的天体运动模型。1543年，哥白尼在生命弥留之际，终于完成了其毕生杰作《天体运行论》的出版。在书中他完整地论述了日心说宇宙体系，即太阳系模型。他反对托勒密理论中某些个别的假定（如偏心），它们破坏了原本运动的匀速性。他写道："了解到这些不足之处以后，我常常想，能不能找到某种更加合理的组合圆的方法。由它可以把那些显而易见的不均衡现象推导出来；而且在这种圆组合中，全部运

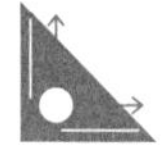



动都是围绕一个确定的中心的匀速运动……”

哥白尼从一些古代哲学家的假定中受到启发，开始考虑地球的运动。他说：“虽然这种看法似乎很荒唐，但前人既可随意想象圆运动来解释星空现象，那么我更可以尝试一下，是否假定地球有某种运动能比假定天球旋转得到更好的解释。”“于是，从地球运动的假定出发，经过长期的、反复的观测，我终于发现，如果其他行星的运动同地球运动联系起来考虑，并按照每一行星的轨道比例来做计算，那么，不仅会得出各种观测现象，而且一切行星及其轨道的大小和顺序以及整个天空，都会全部有机地联系在一起了，以致不能变动任何一部分而不在众星和宇宙中引起混乱。”

于是在这种思辨的基础上，他完美地提出了太阳系模型：太阳是宇宙的中心，所有天体（包括地球及当时已知的五颗行星）都绕太阳运转。它们在宇宙中的位置排列如图6-7所示。

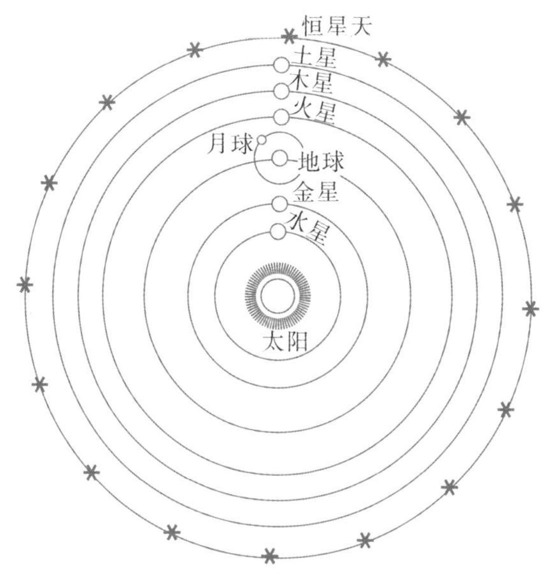


图6-7　哥白尼太阳系模型

哥白尼用美妙的语言来描述这一体系："中央就是太阳。在这华美的殿堂里，为了能同时照亮一切，我们还能把这个发光体放到更好的位置上吗？太阳堪称宇宙之灯，宇宙之头脑，宇宙之主宰……于是，太阳坐在王位上统率着围绕它旋转的行星家族，地球有一个侍从——月球。正如亚里士多德在《博物志》中所说，当地球从太阳那里受孕和怀胎，以便每年生育一次的时候，月球是地球最亲的亲人。"

哥白尼认为："……这样，我们就发现在这种有秩序的安排下，宇宙里有一种奇妙的对称性，轨道的大小与运动都有一定的谐和关系。这样的情况是用别的方法达不到的。"

哥白尼根据观测资料，运用太阳系模型，计算出了各个行星绕太阳运行的周期，并第一次计算出各行星到太阳的距离，从而准确地给出了宇宙的大小尺寸。哥白尼的计算结果和现代的数据很接近，如表6-1所示：

**表6-1　各行星绕日运行的周期和到太阳的距离**

| 行星 | 绕太阳运行的周期 | | 到太阳的距离（以地日距离为单位） | |
|---|---|---|---|---|
| | 哥白尼值 | 现代值 | 哥白尼值 | 现代值 |
| 土星 | 29.5年 | 29.46年 | 9.2 | 9.54 |
| 木星 | 11.8年 | 11.86年 | 5.2 | 5.20 |
| 火星 | 687天 | 686.98天 | 1.52 | 1.52 |
| 地球 | 365天 | 365天 | 1.00 | 1.00 |
| 金星 | 224天 | 224.70天 | 0.72 | 0.72 |
| 水星 | 88天 | 87.9天 | 0.38 | 0.39 |

同时，利用这一体系还可以解释许多现象：在地球上看起来恒星像镶嵌在天球上静止不动，是由于地球到太阳的距离

远远小于地球到恒星的距离；太阳从东方升起、西方落下的视运动，是由于地球在绕太阳公转的同时也绕着自己的轴线自西向东自转；在地球上看到行星的逆行，是由于地球在运动着的缘故。

哥白尼太阳系模型与托勒密地心说模型，都是在柏拉图的天体运动的思想支配下，把匀速圆周运动看作最完美、最谐和的运动，都主张采用均轮-本轮的组合说明宇宙的结构，而哥白尼模型具有明显的优点，有着内在的简单性与谐和性。

哥白尼的太阳系模型简明、和谐、精确，但当时获得的支持却很少。它描述的众星以太阳为参照系的运动情况，和托勒密以地球为参照系的运动描述，实际上并无正确和错误之分，只有方便或简单与否之别。但是，由于哥白尼的模型与教义相悖，一度曾被斥为异端邪说。尽管如此，哥白尼这种大胆且有根据地向地心说天体体系提出挑战，在科学史上立下了不朽的功绩。恩格斯评价道："以他的理论来向自然事物方面的教会权威挑战，从此自然科学便开始从神学中解放出来。"哥白尼太阳系模型的提出，为研究行星运动开辟了一条新的途径，极大地推动了欧洲文艺复兴时代思想解放的浪潮。

当然还需强调的是，天体运动模型的提出，也对后来的科学家研究物质更甚是构成物质的原子内部结构提供了新的思考方向。那接下来我们就来看天体运动模型是如何在物质、原子这方面一步步发挥出辅助作用的。

人们对物质的研究不差于对天体的研究，很早之前古希腊米利都学派的泰勒斯就提出万物是由"水"组成的。后来阿那克西米尼又提出万物是"气"，气受热稀散成"火"，气受冷又凝聚成"水"和"土"。再后来亚里士多德与恩培多克勒提出“水、火、气、土”是构成万物的四种元素。而遵循唯心派的毕达哥拉斯则提出万物是由一种抽象的、非物质的“数”组成的。在中国古代，墨子与其弟子所著的《墨经》中就曾记载过“五行说”，即万物是由“金、木、水、火、土”组成的，与西方相比多了“金”这一元素，这也进一步说明了我国古代很早就开始了对“金”的研究。

西方对物质原子较科学的研究应该以英国化学家和物理学家道尔顿（1766—1844）创立原子学说为起点，在这之后的很长时间内人们都认为原子就像一个小得不能再小的玻璃实心球，里面是没有什么特殊结构的。1869年德国科学家希托夫发现阴极射线，克鲁克斯、赫兹、勒纳德（1862—1947）、约翰·汤姆孙等一大批科学家在此基础上进一步研究了阴极射线，历时20余年，最终约翰·汤姆孙发现从原子中能跑出比它质量小1700倍的带负电的电子，这说明原子内部还存在特殊结构，同样说明原子内部还存在带正电的东西，它们相互中和，使原子呈电中性。

原子中除电子外还有什么结构？电子是怎样分布在原子里的？原子中什么结构带正电荷？正电荷是如何分布的？带负电的电子和带正电的结构是怎样相互作用的？一大堆新问题摆在物理学家面前。根据科学实践和当时的实验观测结果，物理学家发挥了他们丰富的想象力，提出了各种不同的原子模型。

（1）行星结构原子模型。

1901年法国物理学家佩兰（1870—1942）提出行星结构原子模型，他认为原子的中心是一些带正电的粒子，外围是一些绕转着的电子，电子绕转的周期对应原子发射的光谱线频率，最外层的电子抛出发射阴极射线。

（2）中性原子模型。

1902年德国物理学家勒纳德提出中性微粒动力子模型。勒纳德早期的观察表明，阴极射线能通过真空管内铝窗而至管外。据此，他在1903年以吸收的实验证明高速的阴极射线能通过数千个原子。按照当时盛行的半唯物主义者的看法，原子的大部分体积是空无所有的空间，而刚性物质大约仅为其全部的十亿分之一。勒纳德设想“刚性物质”是分布于原子内部空间里的若干阳电和阴电的合成体。

（3）实心带电球原子模型。

英国著名物理学家、发明家威廉·汤姆孙提出了实心带电球原子模型，他将原子看成是均匀带正电的球体，里面埋藏着带负电的电子，正常状态下处于静电平衡。这个模型后由约翰·汤姆孙加以发展，后来通称汤姆孙原子模型。

（4）葡萄干蛋糕模型。

约翰·汤姆孙继续进行更系统的研究来解释原子结构。约翰·汤姆孙以为原子含有一个均匀的阳电球，若干阴性电子镶嵌在这个阳电球体内。他参照迈耶尔（Alfred Mayer）的浮置磁体平衡研究，做出解释：如果电子的数目不超过某一限度，则这些运行的电子所成的一个环必能稳定，如果电子的数目超过这一限度，则将形成两环，以此类推至多环。这样，电子的增多就造成了结构上呈周期的相似性，而门捷列夫周期表中物理性质和化学性质的重复再现，或许也可得到解释了。

约翰·汤姆孙提出的这个模型，电子分布在球体中很像葡萄干点缀在一块蛋糕里，因此很多人把约翰·汤姆孙的原子模型称为“葡萄干蛋糕模型”。它不仅能解释原子为什么是电中性的，电子在原子里是怎样分布的，而且还能解释阴极射线现象以及金属在紫外线的照射下能发出电子的现象。此外，利用这一模型能估算出原子的大小约$10^{-10}$ m，这是件了不起的事情。正由于约翰·汤姆孙能解释当时很多的实验事实，因此约翰·汤姆孙模型得到了许多物理学家的支持。

（5）土星模型。

日本物理学家长冈半太郎（1865—1950）批评了约翰·汤姆孙的模型，他认为正负电不能相互渗透，提出一种“土星模型”的结构——即围绕带正电的核心有电子环转动的原子模型。一个大质量的带正电的球，外围有一圈等间隔分布着的电子以同样的角速度做圆周运动。电子的径向振动发射线光谱，垂直于环面的振动则发射带光谱，环上的电子飞出的是β射线，中心球的正电粒子飞出的是α射线。这个土星模型对后来建立有核原子模型很有影响。

以上的原子模型在一定程度上都能解释当时的一些实验事实，但不能解释以后出现的很多新的实验结果，所以这些模型并没有得到深入的发展甚至被推翻。

（6）太阳系模型——有核原子模型。

约翰·汤姆孙的“葡萄干蛋糕模型”就是被自己的学生卢瑟福（1871—1937）推翻的。1895年卢瑟福来到英国卡文迪许实验室跟随约翰·汤姆孙学习，在约翰·汤姆孙的指导下，卢瑟福着手了他的第一个实验——放射性吸收实验。也正是这个实验，卢瑟福发现了α射线。卢瑟福设计了巧妙的实验，如图6-8所示，他把铀、镭等放射性元素放在一个铅制的容器里，在铅容器上只留一个小孔。由于铅能挡住放射线，所以只有一小部分的射线能从孔中射出，形成一束很窄的放射线。

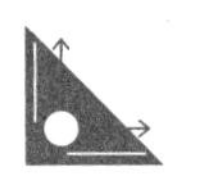



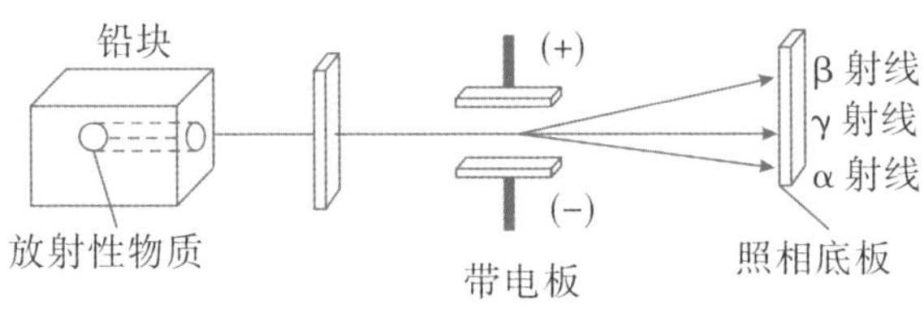


图6-8 卢瑟福设计的实验

卢瑟福在放射线束附近加入电场，并在射线的前进方向放不同厚度的材料，观察射线被吸收的情况（图6-9）。第1种射线不受电场的影响，说明它不带电，而且有很强的穿透力，一般的材料如纸、木片之类的东西都不能挡住它前进，只有比较厚的铅板才可以把它完全挡住，称为γ射线。第2种射线会受到电场的影响偏向一边，从电场的方向可判断出这种射线带正电，且穿透力很弱，只要用一张纸就可以完全挡住它，这便是卢瑟福发现的α射线。第3种射线由其在电场中的偏转方向可以判定出带负电，性质同快速运动的电子一样，称为β射线。卢瑟福对他自己发现的α射线特别感兴趣，经过深入细致的研究，他发现α射线是带正电的粒子流，这些粒子是氦离子，即少掉2个电子的氦原子。

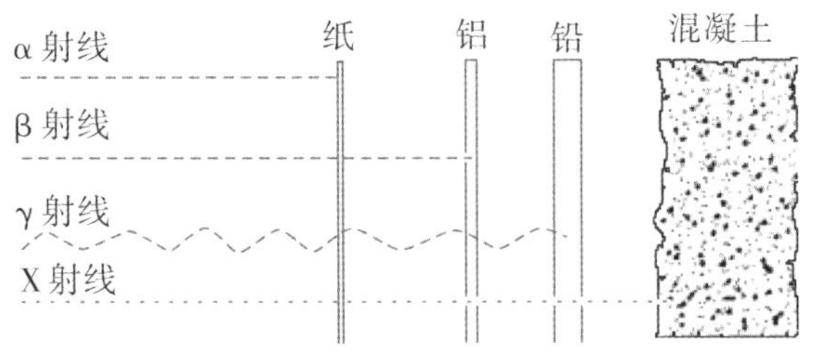


图6-9 观察射线被吸收

“计数管”是卢瑟福的助手盖革发明的，可用来测量肉眼看不见的带电微粒。当带电微粒穿过计数管时，计数管就发出一个电讯号，将这个电讯号连接到检测器上，仪器就会发出“咔嚓”一声，指示灯也会亮一下，这样一来，看不见摸不着的射线就可以用非常简单的仪器记录测量了。人们将该仪器称为盖革计数管。借助盖革计数管，卢瑟福所领导的实验室对α粒子的性质的研究取得了迅速的进展。

1910年马斯顿（1889—1970）来到曼彻斯特大学，卢瑟福让他用α粒子去轰击金箔，做练习实验，利用荧光屏记录那些穿过金箔的α粒子。按照约翰·汤姆孙的葡萄干蛋糕模型，质量微小的电子分布在均匀的带正电的物质中，而α粒子是失去2个电子的氦原子，它的质量要比电子大几千倍。当这样一颗重型炮弹轰击原子时，小小的电子是抵挡不住的。金原子中带正电的物质均匀分布在整个原子体积中，也不可能抵挡住α粒子的轰击。也就是说，α粒子将很容易地穿过金箔，就算受到阻挡的话，也仅仅是α粒子在穿过金箔后稍微改变一下前进的方向。这类实验，卢瑟福和盖革已经做过多次，他们的观测结果和约翰·汤姆孙的葡萄干蛋糕模型符合得很好。α粒子受金原子的影响而方向发生轻微变动，即散射角度极小。但在马斯顿和盖革一次又一次的实验中，奇迹终于出现了！他们观察到了散射的α粒子被金箔反射回来（图6-10）。

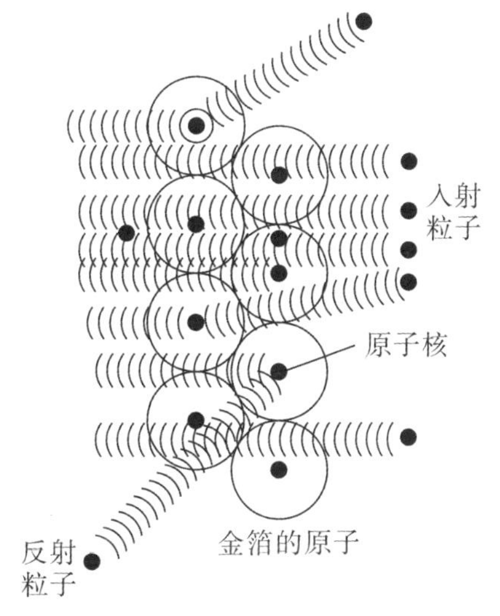

图6-10　卢瑟福α粒子散射示意图

在卢瑟福晚年的一次演讲中曾描述过当时的情景，他说："我记得两三天后，盖革非常激动地来到我这里说，'我们得到了一些反射回来的α粒子……'，这是我一生中最不可思议的事件。这就像你对着卷烟纸射出一颗15英寸的炮弹，却被反射回来的炮弹击中一样不可思议。经过思考之后，我认识到这种反向散射只能是单次碰撞的结果。经过计算我看到，如果不考虑原子质量绝大部分都集中在一个很小的核中，那是不可能得到这个数量级的。"

卢瑟福所说的"经过思考以后"，不是思考一天、两天，而是思考了整整两年的时间。此后，他才大胆地提出了有核原子模型，推翻了老师约翰·汤姆孙的葡萄干蛋糕模型。卢瑟福检验了实验中反射回来的粒子的确是α粒子后，又仔细地测量了反射回来的α粒子的数量。测量表明，在他们的实验条件下，每入射8000个α粒子就有1个α粒子被反射回来。用约翰·汤姆孙的原子模型和带电粒子的散射理论只能解释粒子的小角度散射，但对大角度散射无法解释。多次散射可以得到大角度的散射，但计算结果表明，多次散射的概率极其微小，和上述8000个α粒子就有1个反射回来的实验结果相差太远。约翰·汤姆孙的原子模型不能解释α粒子散射，卢瑟福经过仔细地计算和比较，发现只有假设正电荷都集中在一个很小的区域内，α粒子穿过单个原子时，才有可能发生大角度的散射。也就是说，原子的正电荷必须集中在原子中心的一个很小的核内。在这个假设的基础上，卢瑟福进一步计算了α粒子散射时的一些规律，并作了一些推论。这些推论很快就被盖革和马斯顿的一系列漂亮的实验所证实。

卢瑟福提出的原子模型像一个太阳系，带正电的原子核像太阳，带负电的电子像绕着太阳转的行星，如图6-11所示。在这个“太阳系”中，支配它们之间的作用力是电磁相互作用力。他解释说，原子中带正电的物质集中在一个很小的核心上，而且原子质量的绝大部分也集中在这个很小的核心上。当α粒子正对着原子核心射来时，就有可能被反弹回去。这就圆满地解释了α粒子的大角度散射。

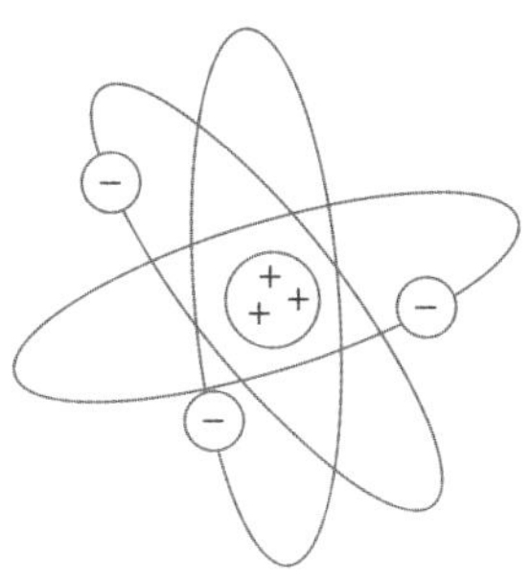

图6-11 卢瑟福的原子模型

卢瑟福的理论开拓了研究物质、原子结构的新途径，为原子科学的发展立下了不朽的功勋。然而，在当时很长的一段时间内，卢瑟福的理论遭到物理学家们的冷遇。卢瑟福的原子模型存在的致命弱点是正、负电荷之间的电场力无法满足稳定性的要求，即无法解释电子是如何稳定地分布在原子核外的。1904年长冈半太郎提出的土星模型就是因为无法克服稳定性的困难而未获成功。因此，当卢瑟福提出有核原子模型时，很多科学家仍把它看作是一种猜想，或者是形形色色的模型中的一种而已。卢瑟福具有非凡的洞察力，因而常常能够抓住本质做出科学的预见。同时，他又有十分严谨的科学态度，从实验事实出发进而得出结论。卢瑟福意识到自己提出的模型还不够完善，因此也一直期盼着这些问题能够得到妥善的解决。他曾在写给朋友的信中提道：“希望在一两年内能对原子构造说出一些更明确的见解。”

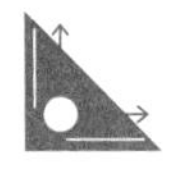



（7）玻尔模型。

尽管卢瑟福的“太阳系”模型没有得到很大的发展，但其相关理论却吸引了一位来自丹麦的年轻人，他的名字叫玻尔。在卢瑟福模型的基础上，他提出了电子在核外的量子化轨道，解决了原子结构的稳定性问题，描绘出了完整而令人信服的原子结构学说。

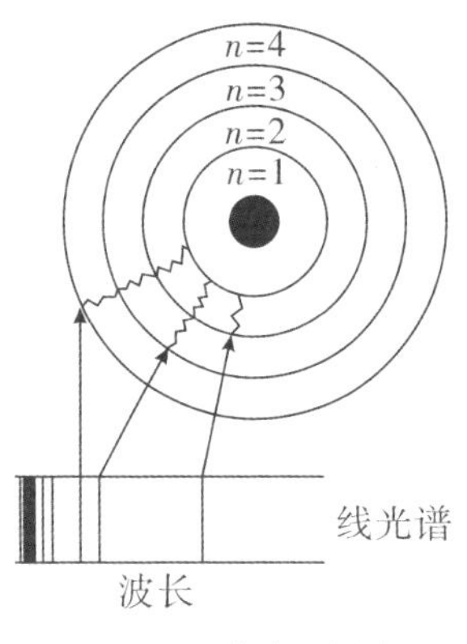

图6-12　玻尔的量子化轨道与光谱

玻尔的原子理论给出这样的原子图像（图6-12）：电子在一些特定的可能轨道上绕核做圆周运动，离核越远能量越高；当电子在这些可能的轨道上运动时，原子不发射也不吸收能量，只有当电子从一个轨道跃迁到另一个轨道时，原子才发射或吸收能量。玻尔的理论成功地说明了原子的稳定性和氢原子光谱线规律。这一理论大大扩展了量子论的影响，加速了量子论的发展。1916年，爱因斯坦从玻尔的原子理论出发，用统计的方法分析了物质的吸收和发射辐射的过程，导出了普朗克辐射定律。爱因斯坦的这一工作综合了量子论第一阶段的成就，把普朗克、爱因斯坦、玻尔三人的工作结合成一个整体。

至此，经过许多科学家的不懈努力和协作，最终发现了原子的结构，原子物理得到了空前的发展。在这一研究过程中，我们可以看到许多科学家利用天体模型来描述原子结构模型，以方便人们更清晰形象地认识原子结构，这就向我们说明了，科学在一步步发展的过程中，你中有我，我中有你，相互促进，相辅相成，这便启示我们在现如今的学习生活中，不能割裂知识之间的联系，要融会贯通，协调发展。

## 6.2 自转模型

英国物理学家卢瑟福在α粒子散射实验基础上，提出的原子结构模型与太阳系模型是一个很好的类比，如表6-2所示。

表6-2 原子结构模型与太阳系模型类比

| 特性 | 太阳系模型 | 原子结构模型 |
| --- | --- | --- |
| 1 | 太阳质量占整个太阳系质量的99.87% | 原子核的质量占原子质量的99.97% |
| 2 | 太阳占太阳系体积的$\frac{1}{10^5}$ | 原子核占原子体积的$\frac{1}{10^5}$ |
| 3 | 太阳与各行星间存在着万有引力，其大小服从距离的平方反比规律，即 $F=G\frac{Mn}{r^2}$ | 原子核与核外电子间存在着库仑力，其大小服从距离的平方反比规律，即 $F=k\frac{Qq}{r^2}$ |
| 4 | 各个行星绕太阳旋转（公转） | 各核外电子绕原子核旋转（公转） |
| 5 | 各个行星绕太阳公转时同时发生自转 | ? |

根据原子结构模型与太阳系模型的类比，人们自然想到：行星绕太阳公转的同时还发生自转，那么电子在绕核运动时，似乎也应该有自转（称为“自旋”）。

人类对电子自旋的认识是曲折的，早期物理学家在研究量子力学时，就借用了经典物理的概念，提出了电子自旋。下面让我们回顾一下人类对自旋的认识过程。

1924年泡利提出了泡利不相容原理。按照物理学中普遍的最小能量原理，原子的基态是能量最小的状态。泡利根据不相

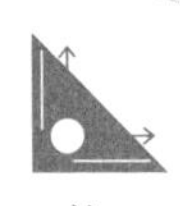



容原理很好地解释了玻尔提出的原子内电子的壳层分布，说明了电子为什么不都聚集在能量最低的状态上，但是实验结果表明在每一个由量子数$n$、$l$、$m_l$确定的量子态上不是有一个，而是有两个电子，于是泡利假定电子具有一种经典上不能描述的“二重性”，实际上泡利指出了电子具有第四个自由度，在这个自由度上只有两个状态。那么这第四个自由度是什么呢？

在经典物理中，比如地球除绕太阳做轨道运动（公转）之外，还有绕地轴的自转运动。如果不把电子视为质点，则它可以有同样的自转运动，这就是自旋，所以自旋本来是一个经典的概念。

泡利曾设想电子有自旋，但他否定了自己的想法。其原因有二：如果认为电子有经典的旋转，则边缘的线速度超过光速，这违背相对论。更重要的原因是思维严谨的泡利不希望在量子力学中保留自旋这种经典力学的概念。几乎同时，美国物理学家克罗尼格也想出了电子自旋的模型。他征求泡利的意见，泡利说：“你的想法的确很聪明，但大自然不喜欢它。”克罗尼格因此未发表自己的理论，错过了做出重大发现的机会。

半年之后，1925年，荷兰物理学家埃伦费斯特的两个学生，年龄不到25岁的莱顿大学研究生乌伦贝克和高斯密特提出了同样的看法，电子不是质点，它除了轨道运动之外还有自旋运动。当时乌伦贝克和高斯密特把电子自旋看成是机械自转，其图像如图6-13所示，他们的老师埃伦费斯特很赞赏他们的观点，把他们的论文推荐给英国《自然》杂志发表，同时他们又

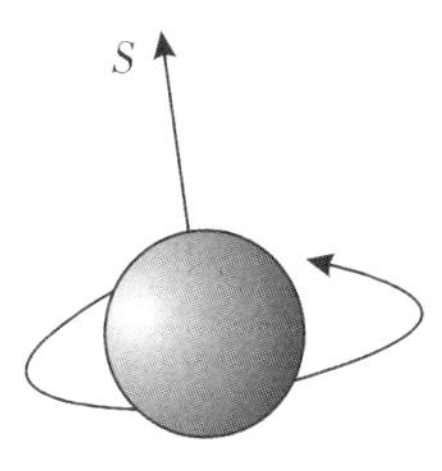

图6-13　电子自旋

去请教物理学权威洛伦兹，洛伦兹经过周密的计算，一周之后对他们说，电子自旋时边缘线速度会达到光速的10倍，这样的理论显然不正确。于是他们赶快要求他们的老师撤回投稿，但杂志已经排版准备印刷了。在这种情况下埃伦费斯特安慰他的两个懊丧的学生说："你们还年轻，做点蠢事不要紧。"

然而论文发表以后，海森堡立刻写信给他们表示赞同，爱因斯坦和玻尔对他们的工作也大加赞赏，尽管对于电子自旋在多大程度上可以用经典的角动量来理解，是物理学界一个长期有争议的问题，但电子自旋的概念很快为物理学界普遍接受。乌伦贝克和高斯密特虽经历一段慌乱与懊丧，但终于把握住了做出重大发现的机会。

当时只有泡利坚持反对电子自旋的观点，应该说，泡利有他正确的一面，电子自旋确实不能理解为机械的自转，图6-13的经典图像是不正确的，电子决非如此旋转，泡利认为自旋是没有经典对应的电子的一个自由度的看法是正确的。1927年泡利引进了能够描述电子自旋性质的泡利矩阵，把电子自旋概念正确地纳入了量子力学的体系之中。实际上，电子自旋和相应的磁矩与静止质量、电量一样是电子本身固有的属性，所以应把它们称为内禀角动量和内禀磁矩，自旋是没有经典对应量的，自旋的存在表示电子还有一个新的自由度。电子仍是点粒子。至此应该说，描述电子状态需要四个量子数（$n$、$l$、$m_l$、$m_s$），有了第四个量子数$m_s$才能解释较精密的光谱实验结果及其他一些实验。

在物理学中，实验是提出假说的基础，又是检验假说的最后仲裁。乌伦贝克和高斯密特提出电子自旋假说所依据的主要实验事实是：碱金属原子光谱的双线结构和反常塞曼效应等

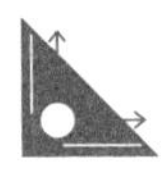



（1912年发现的反常塞曼效应指在弱磁场中原子光谱的复杂分裂现象）。电子自旋和内禀磁矩的存在，在施特恩–格拉赫实验中得到直接的证实。

通过对电子自旋的了解，我们可以发现在其提出的过程中，再一次体现出了对天体模型的运用，这也向我们再次说明，物理学更甚是科学在不断前进发展的过程中，模型与模型之间是存在密切联系的，它们相辅相成帮助人们更好地认识万千变化的宇宙自然。

## 6.3 夸克模型

罗马哲学家和诗人卢克莱修（约前99—约前55）在两千多年前说过一句话："所有我们观察到的我们周围的东西和我们自己，可能都只是一种永恒物质的暂时的形式。"这句话所表达出的观念是人类最伟大的思想之一。在物理学的发展长河中，人们总是声称已经找到"永恒物质"（相当于现代物理术语中的基本粒子），但事实却并非如此。永恒物质并不永恒，基本粒子也并不基本，物质的结构似乎总有着更深处的秘密等待人们探索。因此，现在的学者或物理学家不再轻易宣称"基本""永恒"的物质已被发现。

在1930年以前，物理学界对物质结构有着统一明确的看法：质子和电子是物质的基本结构单位（即"基本粒子"），这两种基本粒子都具有质量和电荷。物理学家们对这种物质结构的理论非常赞同且满足，这种结构可以解释自然界的秩序并有着简单、对称而又和谐的逻辑。但是，物理学家们很快便陷入了进退维谷的困境。

1914年，查德威克在研究β衰变时，遇到了两个困难，一是衰变放射出的电子有着一种宽阔的连续能谱，二是衰变后的能量要比衰变前少。为了解决查德威克实验遇到的困境，玻尔提出了一个惊人的意见，他认为只有在单一过程中放弃能量守恒原理，才会得出一个自洽和谐的原子理论。玻尔在1930年的法拉第讲座上指出：“原子理论的现阶段……，无论是经验上还是理论上，我们可以说是没有争论的了。在β衰变的情形中，为了维护能量守恒原理，导致了实验解释上困难的处境。……原子核的存在及其稳定性，也许会迫使我们放弃能量守恒的观念。”玻尔的意见受到泡利的强烈反对。为了维持能量守恒定律的普适性，泡利于1930年12月提出可能存在一种中性粒子（后来被称为中微子），它具有和γ量子大致相同的或大10倍的穿透能力。这一想法的提出，立即受到包括玻尔在内的大多数物理学家的反对。大多数物理学家普遍认为，只有质子和电子才是物质构造的基本结构单位，而泡利提出的粒子既无质量又不具有电荷，这与当时所遵循的自然观和物质观都完全不符，另外这一观点缺乏实证，因而人们普遍不愿承认这种“没有观测到的粒子”。

查德威克的情况要稍微好一些，1932年他提出中子的设想时，在顽强的自然观的信念之下，查德威克本人开始认为中子只能是电子和质子组成的一种复合粒子，这在一定程度上使得他的中子观念被人们接受的情况要好一些。但这也致使核的质子-电子模型（p-e模型）之谜，又延续了接近两年！可见，要改变旧时人们的思想是难如登天。

爱丁顿对物质结构持强硬态度，他拒绝承认中微子假说和基本粒子无电荷性。他在1939年《自然科学的哲学》一书

中写道："可以说我是不相信中微子的……。我认为，实验物理学家不会有足够的智谋制造出中微子来。如果他们成功了的话，甚至也许在发展其工业应用上也成功了的话，我料想我将不得不相信，尽管我可能会觉得他们干得不十分正大光明。"1924年玻特（1891—1957）和盖革从实验上证实，单个基本粒子的康普顿过程中能量守恒定律是严格生效的。然而玻尔在1932年，又一次牺牲能量守恒定律的普适性来拒绝承认泡利的中微子。在此之后，狄拉克提出的正电子和汤川秀树提出的介子都经历了相同的风波，然而随着科学的不断发展，人们不得不在实验事实的基础上承认这些粒子的存在。

20世纪30年代后期，人们才广泛承认有些基本粒子可以不带电荷。40年代末，物理学家们已经有足够的勇气预言π介子将出现在两个已观察到的电荷态以外的另一种中性态中。这显然是科学向前迈进了一大步。但此时的科学家仍有一个根深蒂固的思想，那就是基本粒子是绝对不会再有结构的粒子，这一思想直到50年代才被人们逐渐意识到其不准确性。

1949年夏天，杨振宁博士和费米在分析π介子实验时，认为π介子可能是核子和反核子的复合体。这种想法在当时十分新奇。自从1935年汤川秀树提出π介子作为传递核力的粒子以来，π介子就一直被认为是最基本的粒子。1950年4月，美国加州大学伯克利分校的斯坦伯格、潘诺夫斯基和斯特勒用实验证实了介子不是基本粒子，他们观察到π介子的电磁衰变。基本粒子不基本的思想，应该说以此为缘起。

20世纪50年代时，霍夫斯塔特的研究小组在斯坦福大学汉森实验室，用直线电子加速器（即SLAC）做高能电子对核和核子散射实验时，他们发现核和核子并非如卢瑟福做α粒子散射实验时所设想的那样是集中的点结构，相反，核和核子有大小和形状。1954年，霍夫斯塔特由实验测出，质子的大小约是（$7.4 \pm 2.4$）$\times 10^{-17}$ m，这个值与原先的估计基本相符。三年后，霍夫斯塔特进一步确定了核子的结构。

我们知道，从古希腊的德谟克利特到英国工业革命时的道尔顿，从20世纪初的卢瑟福直到20世纪50年代的量子场论，人们一直笃信物质是由不可分的点结构模型的基本粒子组成的。在西方哲学思想和点状、无结构的量子场论指导下，美国实验物理学家阿尔瓦雷斯于1960年发现的大量共振态（即短寿命的不稳定粒子），都被看作是新的基本粒子。当时基本粒子不可分割的基本性特点，严重困扰着物理学界。但是，霍夫斯塔特的发现，从根本上动摇和改变了西方几千年来自然哲学所笃信不疑的基本思想。正如霍夫斯塔特本人所说："在某种意义上说……这一发现改变了人们对原子构成的传统看法。"并且提出了这样一个问题：与已知、验证、研究了的粒子相比，是否还有更小的粒子在另一层次上存在?

霍夫斯塔特关于"基本粒子并不基本，仍有结构"的这一重要结论，在20世纪60年代前后，无论在实验和理论方面都有重大影响，引起了一系列新的反响。在实验方面，实验物理学家们对深度非弹性散射和粒子对撞动力学研究兴趣大增，并得出了一系列新发现；在理论方面，人们除了对阿尔瓦雷斯的共振态是否为基本粒子做出重新理解外，霍夫斯塔特的结论与1964年出现的"夸克"（Quark）理论，也有着些许不可分割的关联。20世纪50年代前后，在宇宙线和高能加速器中发现了许多新的不稳定粒子，其数量有一百多种，情况相当混乱，因而许多物理学家认为这一百多种粒子似乎应该由更基本的粒子组成。在这些实验和理论的影响下，加州理工学院的盖尔曼和茨魏格于1964年提出，强子由更简单的粒子——夸克组成。在夸克模式里，中子和质子由三个夸克组成，介子则仅含两个夸克——是一个夸克与一个反夸克的束缚态。根据目前实验和理论来判断，夸克只能三个一组或由一对正、反夸克结合在一起，已是一条确定无疑的规则，这中间一定有一条重要线索可以揭示夸克间相互作用的本质。但目前仍有许多疑团没有解开，例如，为什么不存在两个夸克或四个夸克的团块？为什么看不到自由夸克？

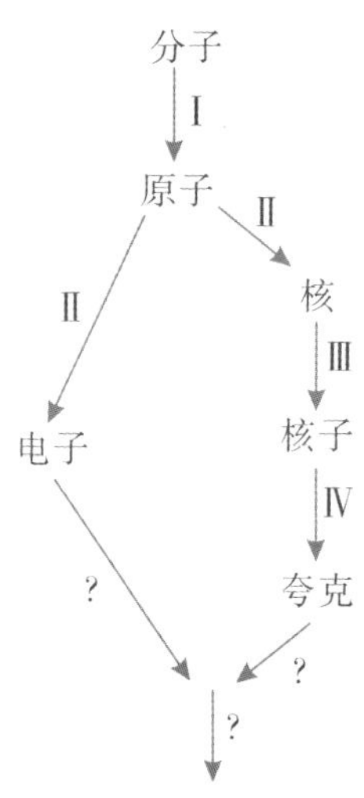

图6-14　物质结构的四个层次

在物质结构问题上，人类已经发现了四个层次的粒子如图6-14所示。虽然夸克还有许多未解之谜。但物理学界认为，由德国高能正负电子对撞机（PETRA）和其他存贮环的探测器中所得出的结果，与量子色动力学理论完全符合，而且在喷注（jet）[①]中，夸克已间接地被“看见”了，因而它几乎被认为是一种实在的粒子了。

下面的问题是：轻子（Lepton，包括电子、μ子、τ子和中微子，它们不参与强相互作用）和夸克是否还有更深一层的结构？对于轻子，实验物理学家已经做过一些实验，但未获得任何证据说明它还具有更小的结构。对于夸克，连自由夸克都没见过，当然更谈不上击破它了。1974年，麻省理工学院的几位物理学家提出了一个大

① 高能碰撞或衰减过程中产生的呈喷射状的粒子团。

胆的假说，认为夸克被囚禁在一个有限体积的口袋里，不准夸克穿出口袋。使人们惊诧的是，这一简单模型竟然第一次给出了轻强子质量谱的绝对值，而且与实验值比较吻合。这个模型还可以计算出质子等粒子的磁矩、电荷均方根半径等。如果真如这一模型一样，夸克永久地禁闭在口袋里，那物理学家在物质结构的探索道路上，岂不走到了尽头？但谁也不敢这么说，霍夫斯塔特曾说过：“我们认作基本自然单元的粒子链或许没有‘终点’。它不是自然物质本身的问题，而是研究人员所用的工具的发展问题。这里的‘工具’，不仅仅指物理技术，而且也包括智力工具，即新的观念、假设、问题和怀疑。”就目前的“工具”发展，我们关于下一层次的结构还缺乏最起码的信息，以致我们目前还根本无法具体判断下一个层次是什么样子。

夸克的发现对物理学的发展具有重大意义。夸克是一种基本粒子，是构成质子和中子等重子的基本组成成分。美国物理学家盖尔曼提出的夸克模型理论对物理学产生了深远的影响，具有重要意义。夸克模型的出现突破了传统物理学模型：打破了传统的质子和中子是不可分割的粒子的观念，认为它们是由更小的夸克组成的，从而对物质的基本结构和性质提供了新的认识和理解。夸克通过交换胶子相互作用，形成了强子，从而解释了质子、中子等强子之间的相互作用。夸克模型预言了一系列新的粒子，如奇异夸克、顶夸克等，并在后来的实验中得到了证实。极大地丰富了粒子物理学的粒子谱系，并推动了高能物理实验的发展和进步。为量子色动力学的发展奠定了理论基础。量子色动力学是描述夸克和胶子相互作用的理论，对于研究强相互作用和量子色动力学的性质具有重要意义。与此同

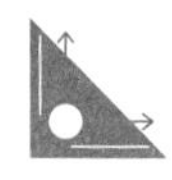



时，夸克这一理论模型深化了人们对宇宙起源和演化的认识，宇宙在大爆炸时刻处于高温高能状态，夸克和胶子自由存在，这对于理解宇宙早期的物质状态和演化过程具有重要意义。总的来说，夸克的发现对物理学的发展带来了深远的影响，为我们对物质结构、粒子物理学和宇宙学等领域的认识提供了新的理论基础，推动了物理学科的不断发展和进步。

## 6.4　从夸克模型追寻现代物理发展轨迹

纵观物理学的发展史可以看出，科学的发展总是与人们对物质层次结构认识的深化紧密相关。每当物理学的研究领域跨进一个新的物质层次时，物理学中的概念、理论、结构等，都将随之发生一次革命性的变化。不仅如此，物理学的思想、思想方法、研究方法甚至哲学基础，都会发生与之相应的改变。

19世纪末和20世纪初，一系列新型实验如群花绽放，人们对于物质的认识发生了深刻的变化，这主要表现在人们对物质深层结构的认识和对场这种物质形态的重大突破性研究。例如，人们对原子结构的探索使得原子结构不断更新与发展，发现了核结构、核聚变、核裂变，以及一些基本粒子和粒子结构等。到20世纪后，由于对物质结构和运动研究的逐步深入，人们认识到：场和实物粒子一样，是物质存在的一种基本形式。而且，诸如电子、光子、中微子等物质的基本组成部分，都可被认为是场的体现。场论的研究已是今天物理学研究最活跃的前沿。物理学家们在20世纪试图放弃纯实物的概念而建立起纯粹是场的物理学，并不断地为之奋斗探索。除了时空观、物质观以外，20世纪物理学（或广义地说科学）思想中的测量观与因果观，也发生了重要的、革命性的变革。这种变革与量子理论的兴起和发展紧密相关，在量子理论的兴起与发展过程中，各种思想产生、矛盾、斗争和起伏，也正因如此，我们科学才会在这百花齐放的时代蓬勃发展。

科学理论的发展和方法论的发展是相互促进的，并因此构成了雄伟壮丽的科学发展史。可以说，在西方的科学传统中，科学方法论就是其重要支柱之一。从古希腊的科学家到近代的伽利略、牛顿和爱因斯坦，无一不在创立博大精深的科学理论体系时，又以极大的热忱探讨科学方法论。爱因斯坦曾经指出，科学家应该“积极地关心认识论，……进行关于科学目的和方法的讨论……这个课题对于他们是何等重要”。苏联生理学家巴甫洛夫更明确地指出：“科学是随着研究方法所获得的成就前进的。”在物理学的发展过程中，现代物理学的一切重大突破，无论是相对论还是量子力学，无一不与科学方法的重大突破息息相关。甚至可以说，没有科学方法的突破，现代物理学就不可能产生。当然，物理学方法论的革新，也离不开现代物理学理论的发展。

# 结语

## 掌握物理模型的思想方法，提高自身学科核心素养

读者朋友们，人类已经进入人工智能时代，人类创造的所有公共知识都可以存储在一个小小的芯片上，借助于智能搜索工具，人类可以在计算机检索到各种需要知道的知识。智能人机接口技术的发展，将建立和谐的人机交互环境，使人与计算机之间的知识与信息交换能够像人与人之间的交流一样自然、方便。单纯知识型的物理教育范式将被时代所淘汰。通过物理知识的教育，掌握物理模型思想方法，提升自身在信息时代学习、工作和社会生活的必备品格和关键能力将变得更加重要。

《义务教育物理课程标准》（2022年版）明确提出："核心素养是课程育人价值的集中体现，是学生通过课程学习逐步形成的适应个人终身发展和社会发展需要的正确价值观、必备品格和关键能力。物理课程要培养的核心素养，主要包括物理观念、科学思维、科学探究、科学态度与责任。"掌握物理模

型的思想方法，有助于个体形成正确的人生观和价值观。

丁文江早在1923年4月北京《努力周报》第48、49期上发表了《玄学与科学》一文中，提出："科学的目的是要屏除个人主观的成见——人生观最大的障碍，求人人所能共认的真理。科学的方法，是辨别事实的真伪，把真事实取出来详细地分类，然后求他们的秩序关系，想一种最简单明了的话来概括他。""科学不但无所谓向外，而且是教育同修养最好的工具，因为天天求真理，时时想破除成见，不但使学科学的人有求真理的能力，而且有爱真理的诚心。无论遇见什么事，都能平心静气去分析研究，从复杂中求单简，从紊乱中求秩序；拿论理来训练他的意想，而意想力愈增；用经验来指示他的直觉，而直觉力愈活。了然于宇宙生物心理种种关系，才能够真知道生活的乐趣。"丁文江关于科学思想和科学精神养成教育的论述虽然有100年了，但在今天对我们理解学习物理学思想方法的人生意义仍然具有指导意义。

《普通高中物理课程标准》（2017年版）和《义务教育物理课程标准》（2022年版）一致提出物理学科的核心素养包括物理观念、科学思维、科学探究、科学态度与责任四个方面。

（1）物理观念。

物理观念是从物理学的视角形成的关于物质、运动与相互作用、能量等的基本认识；是物理概念和规律等在头脑中的提炼与升华；是从物理学视角解释自然现象和解决实际问题的基础，主要包括物质观念、运动与相互作用观念、能量观念等要素。

掌握和运用物理模型的思想方法学习理解物理知识、开展实验科学探索、总结自己研究成果、与他人分享研究成果的过

程，就是物理学科素养养成的过程。无论学习力学模型，还是学习电磁学、原子物理学、量子力学、天体物理学等物理学分支学科的知识和思想方法，对形成正确的物理观念都会产生积极的影响。我们对宏观天体的运动及其相互作用规律，到中观地球上物体的运动及其相互作用规律，再到微观的粒子的运动及其相互作用规律的认知，都离不开借助物理模型的思想方法来理解，同时，借助物理模型的思想方法，我们形成了对客观世界运动规律的科学认识，也就形成了科学的“物理观念”，我们坚信世界是客观存在的，客观世界是运动的，运动是有规律的，客观世界的运动规律是可知的，人类对客观世界规律的认识能无限地进行下去的。

（2）科学思维。

科学思维是从物理学视角对客观事物的本质属性、内在规律及相互关系的认识方式；是基于经验事实建构物理模型的抽象概括过程；是分析综合、推理论证等方法在科学领域的具体运用；是基于事实证据和科学推理对不同观点和结论提出质疑和批判，进行检验和修正，进而提出创造性见解的能力与品格，主要包括模型建构、科学论证、质疑创新等要素。

课程标准对“科学思维”学科核心素养的定义中，出现了两次“模型建构”，可见学会物理模型思想方法对科学思维能力形成的重要性。科学思维是一种正确的认识方式。而物理模型的思想方法首先从物理学未能解决的问题开始，物理学未知问题的提炼要靠质疑精神、批判思维、逻辑思维、数理思维、创新思维等思维品质。我们既可以从重复体验前辈物理学家建构物理模型、运用物理模型解决物理问题的过程中得到科学的思维训练，也可以从通过建构自己的物理模型来改进和发现新的物理答案中得到科学思维训练。

（3）科学探究。

科学探究是指基于观察和实验提出物理问题、形成猜想和假设、设计实验与制订方案、获取和处理信息、基于证据得出结论并做出解释，以及对科学探究过程和结果进行交流、评估、反思的能力，主要包括问题、证据、解释、交流等要素。

科学探究实际是一套科技哲学意义上的科学研究的流程。主要包括发现问题、收集资料证据、开展科学实验、论证解释与语言交流表达，获得同行的验证。在科技哲学领域，任何科学成果如果不能被他人重复验证，就会降低该科学成果的可信度。科学探究是杜威最早提出来的一种教学方式，布鲁纳又提出了发现学习方法，他们认为科学家是通过提出问题、猜想与假设、制订计划与设计实验、进行实验与收集证据、分析与论证、评估、交流与合作一套规范的科学探索的范式来发现科学原理的。但是也有科学教育专家认为，学生的科学学习以间接经验为主，不必事事组织探究、时时组织探究，而忽视书本知识的系统学习。因为学习书本知识能使学生在较短的时间里获取较多、较深的认识；书本知识是对实践经验的科学抽象，它来源于实践，又高于实践；可以超越时间和空间的限制，解决许多个体认识中的困难；教科书是专家对间接知识的改造，并具有适合青少年学习的特点。目前，我们学习物理中的主要问题是过度重视书本知识的记忆，而忽视了科学探究的意义。

（4）科学态度与责任。

科学态度与责任是指在认识科学本质，认识“科学 · 技术 · 社会 · 环境”关系的基础上，逐渐形成的探索自然的内在动力，严谨认真、实事求是和持之以恒的科学态度，以及遵守道德规范，保护环境并推动可持续发展的责任感，主要包括科学本质、科学态度、社会责任等要素。

“科学态度与责任”本质上是养成科学精神。科学社会学家默顿曾将科学精神概括为四项特征：普遍主义、公有主义、无私利性以及有组织的怀疑主义。普遍主义强调科学的客观性、非个人性，评价是否科学的标准是客观的、普遍的，不受个人身份、地位、国籍、民族、信仰等因素的制约。公有主义是指科学研究成果为人类所共有、共享，科学成果归科学共同体、全社会、全人类所公有。无私利性指科学研究者从事科学研究的目的不是为了谋取个人利益，而是为了发现知识、追求真理。有组织的怀疑主义是指科学研究者不应轻信自己和他人的研究成果，要时刻保持一种有根据的批判和怀疑态度，在追求真理的路上，不盲从、不畏惧、不跟风、不守旧，时刻对已获取的知识进行批判性反思和怀疑，推动科学进步。当然，这种怀疑不是盲目的，必须服从科学研究准则。马克思主义将科学精神提升到五个方面：实事求是、开拓创新、辩证批判、理解宽容、自我牺牲①。

科学探索的过程都是在一定的社会环境中进行的，要受到社会，包括社会政治经济、社会舆论、社会道德、社会物质条件、单位文化环境等因素的影响。科学家群体是一种社会群体，需要生活条件、家庭条件、科学条件的支持。科学知识本身是客观、中立的，但用于什么用途、掌握在谁的手里，则是受社会道德伦理、宗教信仰和价值观影响的，所以说科学是一

① 桑明旭．科学精神的谱系：默顿、齐曼与马克思：兼论科学的公共性价值追求[J]．科学经济社会，2014，32（3）：32-37.

把双刃剑。因此，在科学学习和研究过程中，一定要注重养成坚定的科学精神，始终保持着对科学永无止境好奇心的探索精神、尊重证据而不是知识权威的实证精神和发现规律、揭示事物本质、寻求最普遍原理的追求世界本质精神，以及勇于提出新方法、新思想、新理论的创新创造精神。

习近平总书记指出，“科学家精神是科技工作者在长期科学实践中积累的宝贵精神财富”，对科学家应有的爱国精神和创新精神进行了重要论述，强调“科学无国界，科学家有祖国”，科技工作者要把自己的科学追求融入建设社会主义现代化国家的伟大事业中去，树立敢于创造的雄心壮志，努力实现更多“从0到1”的突破，不断向科学技术广度和深度进军。大力弘扬“胸怀祖国、服务人民的爱国精神，勇攀高峰、敢为人先的创新精神，追求真理、严谨治学的求实精神，淡泊名利、潜心研究的奉献精神，集智攻关、团结协作的协同精神，甘为人梯、奖掖后学的育人精神”。我们每一个人不论是否以科学家作为人生职业，即使作为普通的社会公民，也应该通过物理学的学习，养成科学的精神，为我们国家实现民族伟大复兴贡献智慧和力量。

# 参考文献

[1] 阿里奥托. 西方科学史[M]. 鲁旭东等，译. 2版. 北京：商务印书馆出版，2011.

[2] 戴文赛. 天体的演化[M]. 长沙：湖南教育出版社，1999.

[3] 方维平，陈秉辉. 广义相变[M]. 厦门：厦门大学出版社，2011.

[4] 高兴华，彭湘庆，李亚宁，等. 科学认识论教程[M]. 成都：四川大学出版社，1991.

[5] 郭奕玲，沈慧君. 物理学史[M]. 2版. 北京：清华大学出版社，2005.

[6] 惠广俊. 爱上物理：高中物理模型与方法[M]. 杭州：浙江大学出版社，2018.

[7] 靳正国，郭瑞松，侯信，等. 材料科学基础[M]. 天津：天津大学出版社，2015.

[8] 李约瑟. 中华科学文明史 [M]. 柯林罗南，改编. 上海交通大学科学史系，译. 上海：上海人民出版社，2014.

[9] 刘筱莉，仲扣庄. 物理学史 [M]. 南京：南京师范大学出版社，2001.

[10] 鲁刚. 工科大学物理学：下 [M]. 北京：北京邮电大学出版社，2017.

[11] 马文蔚，周雨青. 物理学简明教程 [M]. 2版. 北京：高等教育出版社，2018.

[12] 牛顿. 牛顿光学 [M]. 北京：高等教育出版社，2016.

[13] 王清涛，周旭波，武青，等. 大学物理教程 [M]. 北京：高等教育出版社，2022.

[14] 王溢然. 模型 [M]. 合肥：中国科学技术大学出版社，2015.

[15] 许国梁. 中学物理教学法 [M]. 陶洪，修订. 3版. 北京：高等教育出版社，2020.

[16] 杨仲耆，申先甲. 物理学思想史 [M]. 长沙：湖南教育出版社，1993.

[17] 张宪魁. 物理科学方法教育 [M]. 修订本. 青岛：中国海洋大学出版社，2015.

[18] 仲扣庄. 物理学史教程 [M]. 南京：南京师范大学出版社，2009.

[19] 周后升. 高中学生物理学科核心素养发展研究及教学实践 [M]. 广州：广东高等教育出版社，2019.

# 致谢

《物理学中的模型》由赵汝木、杨延玲、赵长林、赵娜编著，是广东教育出版社出版的“物理学科素养阅读丛书”之一。在本书即将付梓之际，首先感谢广东教育出版社李朝明总编辑的指导和支持，他在本书撰写过程中给我们提出了许多宝贵的意见和建议，才使得此书最终得以完成；其次出版社责编认真负责的态度和敬业精神，也给我们留下了深刻的印象。山东省青州第一中学郭向刚老师、山东省聊城第三中学付淑婷老师、山东省福山第一中学罗泽明老师参与了本书的编写工作，并提供了丰富的资料，在此表示衷心感谢。

我们在编写时参阅了诸多学者的成果，由于编写时间仓促，有一些短时间内无法查阅其出处，所以未能在参考文献中注明，在此一并向各位学者表示衷心感谢。

由于作者水平所限，书中难免存在疏漏或不妥之处，恳请广大读者、同行专家批评指正。